· 超级思维训练营系列丛书 ·

# 出乎意料的判断

CHUHUYILIAO DE PANDUAN

谢冰欣 ◎ 编著

运用变换思维 ——☆—— 巧思妙解因果真相

中国出版集团　现代出版社

图书在版编目(CIP)数据

出乎意料的判断 / 谢冰欣编著. —北京:现代出版社,
2012. 12(2021. 8 重印)

(超级思维训练营)

ISBN 978 - 7 - 5143 - 0978 - 2

Ⅰ. ①出…　Ⅱ. ①谢…　Ⅲ. ①思维训练 - 青年读物②思维
训练 - 少年读物　Ⅳ. ①B80 - 49

中国版本图书馆 CIP 数据核字(2012)第 275738 号

| | | |
|---|---|---|
| 作　者 | 谢冰欣 | |
| 责任编辑 | 李　鹏 | |
| 出版发行 | 现代出版社 | |
| 通讯地址 | 北京市安定门外安华里 504 号 | |
| 邮政编码 | 100011 | |
| 电　话 | 010 - 64267325　64245264(传真) | |
| 网　址 | www. xdcbs. com | |
| 电子邮箱 | xiandai@ cnpitc. com. cn | |
| 印　刷 | 北京兴星伟业印刷有限公司 | |
| 开　本 | 700mm × 1000mm　1/16 | |
| 印　张 | 10 | |
| 版　次 | 2012 年 12 月第 1 版　2021 年 8 月第 3 次印刷 | |
| 书　号 | ISBN 978 - 7 - 5143 - 0978 - 2 | |
| 定　价 | 29. 80 元 | |

# 前　言

　　每个孩子的心中都有一座快乐的城堡,每座城堡都需要借助思维来筑造。一套包含多项思维内容的经典图书,无疑是送给孩子最特别的礼物。武装好自己的头脑,穿过一个个巧设的智力暗礁,跨越一个个障碍,在这场思维竞技中,胜利属于思维敏捷的人。

　　思维具有非凡的魔力,只要你学会运用它,你也可以像爱因斯坦一样聪明和有创造力。美国宇航局大门的铭石上写着一句话:"只要你敢想,就能实现。"世界上绝大多数人都拥有一定的创新天赋,但许多人盲从于习惯,盲从于权威,不愿与众不同,不敢标新立异。从本质上来说,思维不是在获得知识和技能之上再单独培养的一种东西,而是与学生学习知识和技能的过程紧密联系并逐步提高的一种能力。古人曾经说过:"授人以鱼,不如授人以渔。"如果每位教师在每一节课上都能把思维训练作为一个过程性的目标去追求,那么,当学生毕业若干年后,他们也许会忘掉曾经学过的某个概念或某个具体问题的解决方法,但是作为过程的思维教学却能使他们牢牢记住如何去思考问题,如何去解决问题。而且更重要的是,学生在解决问题能力上所获得的发展,能帮助他们通过调查,探索而重构出曾经学过的方法,甚至想出新的方法。

　　本丛书介绍的创造性思维与推理故事,以多种形式充分调动读者的思维活性,达到触类旁通、快乐学习的目的。本丛书的阅读对象是广大的中小学教师,兼顾家长和学生。为此,本书在篇章结构的安排上力求体现出科学性和系统性,同时采用一些引人入胜的标题,使读者一看到这样的题目就产生去读、去了解其中思维细节的欲望。在思维故事的讲述时,本丛书也尽量使用浅显、生动的语言,让读者体会到它的重要性、可操作性和实用性;以通俗的语言,生动的故事,为我们深度解读思维训练的细节。最后,衷心希望本丛书能让孩子们在知识的世界里快乐地翱翔,帮助他们健康快乐地成长!

# 目　录

## 第一章　对常识进行科学判断

出乎意料的判断

## 第二章　有趣的判断

出乎意料的判断

超级思维训练营

# 第三章　学会全面判断

出乎意料的判断

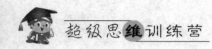

出乎意料的判断

# 第一章　对常识进行科学判断

## 大力士的力量

大力士们各个都力大无穷，他们可以举起超过自身重量好几倍的重物。在一年一度的大力士比赛中，皮特获得了冠军。获得第二名的杰瑞很不服气，他对皮特说："虽然你获得了冠军，但有一样东西，我可以轻而易举地举起来，你却永远不能。"

**判断：** 你知道杰瑞指的什么吗？

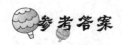参考答案

杰瑞指的就是皮特本人，因为杰瑞可以将皮特举起，但皮特却无法将自己举起。

## 别具一格的东西

放学回来，小华看到桌子上有黄瓜、葡萄、豌豆和玉米。他刚拣了

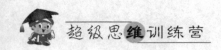 

一颗葡萄扔进嘴里，被妈妈发现了。妈妈说："等一下，我得考考你。这四样东西中，有一样是与其他三样不一样的。如果你的说对了，可以继续吃。如果说不对，先去写作业。"

**判断：**你知道是哪个吗？

是玉米，因为其他几种食物都是长在藤蔓类植物上的。

# 怎样过河

老冯和老马同时来到河边，都想过河。河边只有一条小船，但一次只能载一个人。河上没有桥，两人都不会游泳。结果他们都很轻松地过

了河。

**判断：**他们怎么过的？

他们分别在河的两岸，自然很容易过了。

# 哪个巡警是对的

深夜，刚上岗不久的小张和小王正开着一辆巡逻警车执行巡逻任务。突然，他们把车停在路边，并走下车来。他们看到一个头戴安全盔的人倒在路上，人已死去。在其尸体前方约 3 米的地方，有辆摩托车，横在那里，旁边就是一个路灯杆。摩托车发动机没有熄火，后轮仍然在空转。

小张说："一定是开快车撞上了路灯杆，摩托车还没熄火呢！"

但小王对现场的情况有所怀疑。他认真地查看和分析了现场情况后说："不对！这不像是一般的撞车事故。我认为是有人谋杀了这个摩托车司机，故意伪装成撞车事故。"

**判断：**两个巡警谁说得对？

小王说得对。如果只是骑车撞上路灯杆，那么由于惯性，骑车人应该躺在摩托车的前方才对。所以很可能是有人伪造的事故现场。

# 邮寄贺卡

贝贝有 4 个非常好的网友，而且他的这几个网友恰巧都是同一天生日。眼看他们的生日就要到了，贝贝决定给他们每人写一张生日贺卡寄给他们。等他写好了贺卡和信封，刚要装起来封口，却突然停电了。于是，贝贝就摸黑把贺卡装进了信封里。爸爸提醒他说："千万别装错了。"贝贝说："没关系。"第二天早上，他抽出一张贺卡看，果然放错了。

**判断**：贝贝至少放错了几张贺卡呢？

参考答案

至少两张。和贝贝早上看的那张贺卡相对的贺卡肯定也是错的。另外两张贺卡有可能装错，也有可能装对。

# 钱是如何被拿走的

学校组织统一旅游，需要每个同学缴纳 20 元的费用。五（2）班的班主任周老师把全班的旅游费 600 元收齐后准备交给学校的财务处。可是财务处没人。周老师只好将钱锁到办公室的抽屉里，准备等到下午财务处有人时再交上去。周老师的办公桌有 3 层抽屉。他把钱锁在最下一层抽屉里就走了。下午，周老师打开抽屉发现里面的钱不见了。于是，他报告了学校的保卫科。保卫科的王干事查看了周老师的抽屉，并没有发现被撬的痕迹。而抽屉的钥匙也一直在周老师的身上。王干事猜想：是不是有人趁办公室里无人将钱拿走的呢？可是他是怎么拿的呢？王干

事又仔细查看了周老师的抽屉，终于明白了。

判断：钱是如何被拿走的？

周老师虽然将放钱的抽屉锁了，但是，上面的两个抽屉并没有锁。有人抽走第二层抽屉，很容易地就可以将最底层抽屉里的钱拿走。

# 给金鱼换水

小辉家新买了鱼缸和金鱼。小辉主动承担起喂养和换水的任务。这一天，小辉给金鱼换水的时候不注意，把鱼缸装了满满一缸水。此时，哪怕再往鱼缸里放一块小石块，水也会溢出来的。

判断：如果再放一条金鱼到鱼缸里，水还会溢出来吗？

当然会溢出来。

# 铁球是如何落下的

有一个单摆，绳子的一头固定住，另一头拴着一个小铁球。你把小铁球拉到一定高度，然后松手，让小铁球自由摆动。当小铁球再次摆到最高点的一刹那，绳子突然断了。

判断：此时，铁球是如何落下的？

 **参考答案**

当小铁球摆动到最高点的刹那间，球既不再向上摆，也不向下摆动，因而是垂直下落的。

# 名马被盗

一个农场里的一匹名种马驹被盗了。警方接到农场主的报案，调查后判断，住在近郊的一个叫肖恩的人嫌疑最大。于是，有两名警察去肖恩家询问情况。

肖恩说："你们怎么会怀疑我是那偷马贼呢？那天晚上，因为我家的一头骡子要下崽，所以我整夜都在照顾它。可惜由于早产的缘故，到了第二天早上，母子都死了。"

"难道你家还有公骡子吗？"警察问。

"当然有了。我是用我的公骡子和母骡子交配，希望能产下骡驹，可结果连我的那头母骡子都死了。我真是倒霉啊！"

警察一听，笑道："你别再装了，你的这个谎是骗不了我们的。还是老实交代吧！"

**判断**：肖恩哪里说谎了？

 **参考答案**

骡子是马和驴交配产下的后代，虽然也有公母之分，但都没有生育能力，如果想得到小骡子，只能再次通过马和驴的交配获得。肖恩不懂得这个常识，撒了谎。

# 列车上的盗贼

钱经理从合肥坐火车去北京出差。他买了一张卧铺票。当他找到自己的位子时，卧铺间的另外 3 位乘客已经到了。列车在蚌埠车站停车 15 分钟。他们 4 个人都离开了自己的铺位。在列车开动前一分钟，钱经理才又回到铺位。这时，他却发现自己放在卧铺上的手提包不见了。他问其他 3 个人，他们都说没看见。于是，他报了警。乘警让他们都出示一下车票。除了钱经理是到北京的，其他 3 个人分别是到宿州、徐州和天津西的。乘警问他们刚才停车的时候都干什么了。去徐州的乘客说停车时他下车买了瓶可乐，去宿州的乘客说他去上了趟厕所，去天津西的乘客说他到 7 号车厢找他的朋友了。

**判断：**他们谁在撒谎？

参考答案

当列车停靠在车站时，为了保持站内卫生，厕所一律锁门，禁止乘客使用。所以去宿州的乘客在撒谎。

# 狗娃与小木盒

1937 年，日本发动了全面侵华战争。不久，南京便被占领了。日军在这里制造了震惊世界的大屠杀。

那一年，狗娃才 6 岁。幸运的是，在日军占领南京城之前，爸爸带着他逃走了。在他们走之前，狗娃偷偷在离家 10 步远的地方埋了一个小

木盒子。木盒子里装着一块玉。那是去世的姥姥生前留给他的。

直到 1945 年，日本宣布投降后，狗娃才和爸爸又回到南京。虽然家已经早被毁了，但是，老地基还找得到。狗娃一回到那里，便迫不及待地去挖他的小木盒。他从大门口起，向前跨 10 步，接着就挖起来。可是，他挖了半天，也不见小木盒的影子。

判断：难道是日本侵略者发现了他的秘密并拿走了吗？

参考答案

其实不一定。想一想，狗娃埋木盒时是 6 岁，当他回南京时已经 14 岁了。他早已长高许多，步子也比以前大了，所以，他应该向后找才对。

# 哪只是生的，哪只是熟的

小华手里有两只鸡蛋，一只生鸡蛋，一只熟鸡蛋。他让小青猜哪只是生的，哪只是熟的，但是不能把鸡蛋打破。小青仔细查看两只鸡蛋，外貌差不多，轻重也差不多，实在分不出来。突然，他想到了一个办法。他用同样的力量让两个鸡蛋在桌子上旋转。一个转动的时间长，一个转动的时间短。

判断：哪只是生鸡蛋，哪只是熟鸡蛋？

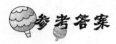

因为生鸡蛋里的蛋黄和蛋清在转动时是晃动的，所以生鸡蛋转动的时间会短一些。

# 闰年与 29 天

2012 年是闰年。

**判断**：哪一个月有 29 天？

参考答案

2012 年的每个月都有 29 天。

# 阿凡提被淹死了吗

有一次，聪明的阿凡提得罪了一个财主。财主很愤怒，派人把阿凡提抓了来，并说要处死他。但是，财主让阿凡提自己选择一种死法。阿凡提选择被淹死。于是财主命人将阿凡提绑在了自家游泳池里的柱子上。由于水是温的，而且水不够深，因此，财主又叫人弄来了一些大冰块放到泳池里。这时候，水正好没过阿凡提的脖子。财主心想：等冰块化了，一定就能把阿凡提淹死了。

**判断**：你知道，阿凡提最后被淹死了吗？

参考答案

　　当然不会。虽然冰块融化了变成水，但是化成的水的体积正好等于一开始冰排开水的体积，所以水位并没有提高，当然阿凡提也就淹不死喽。

# 猎人抢老鹰

　　两个年轻的猎人因为一只被猎杀的老鹰吵了起来。一个猎人说是他打下来的，另一个猎人说是他打下来的。两个人谁也不让谁，都想找个人评评理。恰好，这个时候走过来一位老猎人。于是，二人同意让老猎人评判。老猎人听了他俩的诉说，又查看了一下老鹰身上的枪伤：的确有两处，一处在老鹰的肚子上，一处在老鹰的背上。老猎人立马就知道了他们二人谁撒了谎。

　　**判断**：你知道老鹰究竟是谁打下的吗？

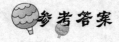参考答案

　　如果老鹰是在天上飞着的，那么子弹不可能打到它的背上。所以第二个猎人在撒谎，他肯定是见到掉在地上的老鹰后补上了一枪。老鹰应该是第一个猎人打下的。

# 狼尾巴朝向哪里

动物园里饲养着一只狼。早晨，这只狼先是站起来，接着向东走了5步，后来又向南走了3步。

**判断：**此时，狼的尾巴朝向哪里？

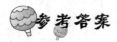参考答案

朝着地下。

# 和尚与圣佛塔

有一座塔，因为塔顶珍藏有佛祖释迦牟尼的一颗舍利，故而被叫做圣佛塔。塔里住着一个老和尚和两个小和尚，负责保护塔中的舍利，并且每天要打扫塔内的卫生。

这年中秋节，老和尚对两个小和尚说："明天，我要去外地一趟，大概得半个月才能回

出乎意料的判断

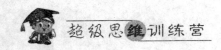

来。我不在的时候，你们俩仍然要每天坚持打扫卫生，不得偷懒！尤其要保护好佛祖的舍利，那是我们的镇塔之宝。听清楚了吗？"

"听清楚了，师父。"两个小和尚答道。

第二天一早，老和尚就背上行囊出发了。师父不在的时候，两个小和尚倒也不曾偷懒，每天都把塔内扫一遍。半个月后，老和尚果然回来了。他稍稍休息，便爬到塔顶。但是，他最担心的事还是发生了：那颗舍利不见了。于是，他立刻把两个小和尚叫来盘问。

大徒弟说："昨晚我上厕所，借着月光，看见师弟爬上塔顶。我想一定是他拿走了舍利。"

小徒弟听了，忙说道："我昨晚整夜都睡在房里，根本就没起来过。师兄，你干吗诬陷我啊？"

老和尚一乐，说道："出家人不打诳语，佛祖已经告诉我谁在说谎了。"

**判断**：你知道谁在说谎吗？

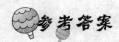参考答案

其实，老和尚是根据他们说的话判断的。"昨天"是农历初一，是看不见月亮的，所以，大徒弟说了谎。

# 飞机与黑匣子

黑匣子是飞机专用的电子记录设备之一，全称叫"航空飞行记录器"。里面装有飞行数据记录器和舱声录音器，飞机各机械部位和电子仪器仪表都装有传感器与之相连。它能把飞机停止工作或失事坠毁前半小时的有关技术参数和驾驶舱内的声音记录下来，需要时把所记录的参数

重新放出来，供飞行实验、事故分析之用。黑匣子具有极强的抗火、耐压、耐冲击震动、耐海水（或煤油）浸泡、抗磁干扰等能力，即便飞机已完全损坏，黑匣子里的记录数据也能完好保存。世界上几乎所有的空难原因都是通过黑匣子找出来的。

**判断：**那么黑匣子是什么颜色的呢？

 参考答案

为了方便寻找，一般都把黑匣子涂上醒目的橘红色，所以，千万不要以为黑匣子就是黑色的喔。

# 有争议的画

在一次全国少年儿童画展中，一幅画引起了很多人的争议。画中有一艘轮船。从船后长长的水纹可以看出，这艘船正在海里全速前进。但是，轮船的烟囱里冒出的烟却是笔直向上的。有的小朋友说烟应该向后飘才对。有的小朋友说烟应该向前飘，因为海上一定有风。

**判断：**你觉得画中的烟画得对吗？

 参考答案

如果当时船是顺风而行，而且船的航速和风速相等，那么烟就是笔直上升的。

# 新年音乐会

元旦的时候,妈妈带着小彤去国家大剧院欣赏了一场非常精彩的新年音乐会。演出过程中,所有的演员都面朝着观众,只有一个人是背对着观众的。

**判断:**那个人是谁?

参考答案

乐队指挥。

# 垂钓者吹牛

几个朋友聚在一起吃饭,聊得非常开心。突然,一位兴奋地说:"昨天,我正坐在一个池塘边钓鱼,不一会儿,我在水中看见一个可怕的倒影,他正举着一把刀悄悄向我靠近。我急中生智,迅速将鱼钩向后甩去,恰好打中他的脸。他惨叫一声,逃走了。我看了一眼他的背影,认出来那是一个对我心怀嫉妒的同事。"

**判断:**此人说的话可信吗?

参考答案

不可信。因为池塘的水是水平的,钓鱼的人只能看到前方物体的倒影,而根本看不到他身后物体的倒影。所以,他在吹牛。

# 醉汉与尼姑

有个男人在外面喝醉了酒，摇摇晃晃地往家走。路过一座尼姑庵时，竟然跌倒在地，昏睡过去。这时，正好被一个年轻的尼姑看见了。尼姑二话没说，背起醉汉把他送回了家。这件事被一些人看见了，很快就传开了。很多人都说那个尼姑不正经，当了尼姑还尘缘不了、败坏风气。村民们鼓动乡长去尼姑庵，请主持开除那个尼姑，否则就把庵院封了。主持一听，笑道："施主，你错怪那小尼了。醉汉妻弟尼姑舅，尼姑舅姐醉汉妻啊！"乡长听罢，顿时也笑道："原来如此啊！我回去一定把他俩的关系告诉大伙。"

**判断**：那醉汉和尼姑是什么关系呢？

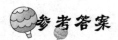参考答案

他们是父女关系。

# 到底是多少度角

在一张纸上，画着一个 40°的角。小明用一个可以放大 5 倍的放大镜来看。

**判断**：透过放大镜，小明看到的角会有多少度呢？

参考答案

还是 40°，因为放大镜是不能把角度放大的。

# 把蚯蚓切成两半

生物课上，老师告诉同学们："蚯蚓是雌雄同体的动物，如果你把它切成两段，它不但不会死，反而会变成两条蚯蚓。"同学们听了，都非常好奇。

放学后，涛涛一回到家，就去花园里挖了一条蚯蚓。他把蚯蚓切成两半后装到一个玻璃瓶里，还放了一些土。可是，第二天放学回来，涛涛发现瓶里的蚯蚓居然死了。

**判断：**这是怎么回事呢？

 **参考答案**

涛涛是竖着把蚯蚓切成两半的，蚯蚓自然活不成了。

# 到底有几个儿子

老张共有 5 个孩子。有一天，他的一个朋友问他："你有几个儿子呢？"老张笑着说道："我的 5 个孩子中，有 3 个是男孩，两个做了父亲。"

**判断**：老张到底有几个儿子呢？

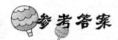 **参考答案**

5 个孩子都是男孩。

# 站长的智慧

一列火车在一个小站停下了，有不少旅客提着大包小包从火车上走下来。这时，发生了这样一幕：一个人拎着一个小旅行包刚走下车，后面有一个人追了上来，拉住这个人说："先生，这是我的包。"那个人看了看说："对不起，是我拿错了。"说完，他把包还给那个追上来的人，就向出站口走去。小站的站长将这一切看得清清楚楚，等那个人走到出站口的时候，抓住了他。

**判断**：为什么？

出乎意料的判断

超级思维训练营

站长判断那个人是个小偷。因为如果真像那人所说，是拿错包了，那么他应该很着急地回去找自己的包才对。

# 游动的鱼

有一架天平，两边的托盘上各放一只水杯。杯中都有水，只是一只水杯里有一条游动的小金鱼，另一只里没有。而此时天平正好是平衡的。现在，小美将杯中的小金鱼捞了出来放在了同一边的托盘上。

**判断：**此时的天平还平衡吗？

当然平衡了。

# 预防虎患

古时候，有个村庄叫大良村。本来，村民过得都很安定祥和。但是，一只不知从哪来的大老虎搅得这个村子不得安宁。许多人家养的牲畜被老虎吃掉了，而且居然还有好几个村民失踪了。人们都说，一定是被老虎吃掉了。一时间人心惶惶，恐怖笼罩了整个村落。

村长召集所有村民，商讨对付老虎的大计。大家都议论纷纷，可都没有什么好方法。突然，一个青年人站起来说："我有个好办法。我们不

— 18 —

知道老虎在哪儿，它也总是神出鬼没。我们抓不住它，但是要是在它的脖子上挂个大铃铛，它再来的时候，我们就能听到了。一听到铃声，我们就赶快躲起来了。"大家一听到这个主意，觉得很不错，很多人都赞同。

**判断：**这个计划最后实施了吗？

参考答案

当然没法实施。因为有谁敢在老虎的脖子上系上铃铛呢？

# 哪条狗流的汗更多

军军和强强各养了一条小狗。有一天，军军和强强让他们的狗赛跑，看谁的狗跑得更快。结果，军军的狗最先跑到终点。

**判断：**哪条狗流的汗更多呢？

参考答案

两条狗都没流汗。因为狗的皮肤汗腺不发达，所以即使是在大热天或运动之后，也不会出汗。它们经常通过伸出舌头来散发体内的热量。

# 一场田径比赛

强强是上一届学校运动会的短跑冠军。从此以后，他便有了"小刘翔"的美誉。

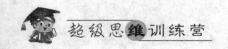 

在今年的校运动会上，强强报了好几个项目，就是想得更多的冠军。在一项田径比赛的决赛场，强强又一次站在起跑线上。同学们都为他欢呼，强强信心百倍。发令枪一响，选手们像箭一样向前冲去。强强不负众望，一路领先。然而，第一个冲过终点线的却不是强强。

**判断：**你知道是怎么回事吗？

 **参考答案**

因为强强跑的是接力比赛，而且他跑的是第一棒。虽然他一路领先，但他还是要把棒交给下一个队员，自然也看不到他冲过终点线的身影了。

# 老李的谎言

在一条大河的南岸，住着两户人家。其中，老李会游泳，以打鱼为生。老赵不会游泳，他有条船，靠帮人渡河为生。

这一天，老赵刚载上两个人，要渡过河去，却见老李从水中爬上岸来。老李说："老赵，送人过河啊？"

"是啊。你又游泳哪。"老赵答道。

"是啊。我今天游得真爽啊！一口气我都横渡7次了。"

"老李，你怎么又吹牛啊！"老赵笑道。

**判断：**为什么老赵说老李吹牛呢？

 **参考答案**

如果老李真的渡了7次，他应该在河对岸才对。

# 谁是手表的主人

夏日的一天，警员小马在街上巡逻时，忽然听到争吵声，于是上前查看。他看到两名男子正在为一只手表争吵，其中一名男子身体强壮，另一名却比较瘦弱。

小马先将他们分开，然后问他们究竟是怎么回事。瘦弱的男子说："我下班回家，正走在路上，他突然跑过来，要抢我的手表。"身体强壮的男子立刻反驳说："你不要相信他的话。这是一只名贵的手表，他不可能买得起。"小马重新注视两个人，瘦弱男子确实穿着很普通，而强壮的男子穿着却比较时尚。他又看了看手表，并观察了他们两个人的手腕。最后，小马把手表交给了瘦弱的男子，把强壮的男子铐了起来。

**判断**：小马如何知道谁是表的真正主人？

参考答案

两个人的手腕粗细明显不同，他发现手表的表链明显比强壮男子的手腕细，而且瘦弱男子的手腕上有手表的印记。

# 悬崖上的命案

一个晴朗的冬日，警方接到报案：有游人在一个旅游区的一个悬崖下发现了一具男性尸体。派出所的刘警官立即带上几名精干警员赶赴现场。尸体趴在悬崖下的碎石上，身上穿着一件大衣，血迹斑斑。死者的脚上只穿了一只鞋子。悬崖有三十几米高。在悬崖上面，警员发现了死

者的另一只鞋子。死者的亲人也闻讯赶来了，他们围着尸体一边哭泣，一边说着："就算是生意失败了也不用走这条绝路啊！"警员们仔细地勘察了地形，考察了现场，最后的结论都是一致的，认为这是一宗自杀案件。就在尸体被翻过来准备抬上车时，刘警官盯着尸体，看到尸体眼睛上的一副墨镜，紧皱着眉头，突然大叫一声："慢着，不要动他，这是一起谋杀案！尸体是被人搬运过来放在这里的，是要伪装成自杀的假象！"众人听了大吃一惊。

判断：为什么刘警官这样说？

参考答案

戴在尸体上的墨镜让刘警官产生了怀疑。从几十米高的悬崖上摔下来，墨镜不可能还好好地戴在眼睛上，而且还完好无损。

## 蒙骗测谎器

测谎器虽然能帮助公安人员破获案件，但是，它也不是百分之百准确的。测谎仪有时也可能被蒙骗。如果测试者真的不知道自己在说谎，而实际上他说了假话，那么测谎器测出的结果就是错误的。

**由此判断：** 下面哪句说法是最准确的？

A. 测谎器经常是不准确的。

B. 测谎器在设计上是没有价值的。

C. 有些撒谎者可以轻易地蒙骗测谎器。

D. 测谎器有时也需要使用者的主观判断。

 参考答案

C。

# 哪个说法正确

西方每一个国家的现代化都有自己的特点。中国有许多自己的传统，这些传统与西方的很不一样。

**判断：** 下面说法哪个正确？

A. 中国不需要向西方发达国家学习。

B. 中国的现代化会自发地实现。

C. 中国的现代化特点与西方国家的现代化特点有着明显的区别。

D. 中国的传统与现代化之间不存在矛盾。

 参考答案

C。

# 老大爷住在几楼

东东的家在一栋18层楼的第16层。星期天，他写完作业，推着他的小自行车准备乘电梯下楼去找小朋友玩。他按了电梯的按钮。此时，电梯在一楼。这栋楼里共有两部电梯，但是有一部电梯昨天坏了，现在还没修好。电梯到达16楼后，门开了，从电梯里走出来一个人。东东推着车要进电梯。电梯里还有一个人，是一个老大爷。他看见东东推车进来，客气地说了声："你上来吧。"同时给东东让了让位置。

**判断：老大爷的家在几楼？**

电梯除了一楼只有向上的按钮和顶楼只有向下的按钮，其他各层都有向上和向下两种按钮。东东要下楼，他按的是向下的按钮。如果此时无人在电梯内按16楼，那么电梯会优先考虑将电梯里的人送到更高楼层后再从高层下来的时候停下，从电梯里下来一人，说明是那人在电梯里按的16楼。东东是要下楼，而还待在电梯里的老大爷之所以会说让东东上去，是因为他不知道电梯下来时还会停下，只有住在顶楼和一楼的人才会不清楚这种情况，所以老大爷住在18楼。

# 恼人的服务员

一天，鲍勃先生去一家咖啡馆喝咖啡。他点了一杯咖啡。不一会儿，服务员将一杯热气腾腾的咖啡端到他面前。鲍勃打开糖袋，将糖倒入咖啡并用勺子搅匀。他刚喝了一口，居然看到咖啡里漂着一只黑苍蝇。鲍勃赶紧将还没咽下去的咖啡吐了出来，并叫来了服务员。

鲍勃先生生气地说道："这就是你们的待客之道吗？咖啡里居然还有苍蝇！让你们的经理过来解释一下。"鲍勃先生的话立刻引来其他顾客的眼光。服务员为了不影响店的形象，同时也害怕被经理知道炒他鱿鱼，于是向鲍勃先生赔礼道歉，表示马上给他换一杯新咖啡。鲍勃先生的气稍稍有点消了。服务员很快重新给鲍勃端一杯咖啡过来。鲍勃先生喝了一口，又生气且更大声地说道："看来你真是无可救药了！你根本就没有给我换新的咖啡。这杯分明就是刚才的那杯，你只是把里面的苍蝇挑出来而已！"

判断：鲍勃先生是怎么知道的呢？

 参考答案

刚做出来的咖啡一般是不加糖的，而由顾客自己根据自己的喜好选择加糖的多少。鲍勃先生喝了一口服务员换来的咖啡，是甜的，所以他判断出那个服务员根本就没有给他换。

# 泼皮偷瓜

从前，有个泼皮，着急赶路。不一会儿，便满身大汗，而且感到非常渴。可是，一路上看不见一处有水的地方。情急之下，他看到路旁的一块西瓜地里有很多西瓜。他看看四下无人，便去地里摘了两个西瓜上来。他抱起两个西瓜刚想去一个小树林吃了，突然听到身后有人喊："偷瓜的，把瓜给我放下！不然我打死你！"他回过头，看到两个人正向他跑来，其中一人手里还举着扁担。泼皮看到这两个来势汹汹的瓜主，而且

手里还拿着家伙，心里也很害怕。如果就这么逃了，又实在太渴。他看到不远处有一个女人，脑筋一转，居然心生一计。此时，瓜农已经来到他面前。泼皮说："你们误会我了。我是看到前面那个女人偷了你家的瓜，所以把她拦下来，并把瓜给你们送回来了。"两个瓜农一听，心中的气消了许多。其中一个道："那我们真是冤枉你了。既然如此，我们应该把那个女人送到官府才对。"另一个瓜农很快跑过去拦住了女人。女人手里竟然还抱着孩子。女人听说有人说她偷了西瓜，非常生气，可是又说不过他们，只好一起去了官府。

大堂上，泼皮一口咬定说他看见女人偷了两个西瓜，是他帮瓜农把西瓜夺下来的。女人明知被人诬陷，可也说不出反驳的理由来，只有请县令大人明断。县令一时也没有好的主张。他看了看那两个大西瓜，再看看女人和她手里的孩子，突然问泼皮道："你追上她的时候，她是怎么抱着西瓜的呢？"泼皮听了，毫不犹豫地说道："她一手抱着孩子，一手抱着西瓜。""大胆！明明是你偷的西瓜，居然还要诬陷别人！"

**判断：县令是根据什么断定的呢？**

妇女抱孩子，一般都会用两只手；即使用一只手抱，她的另一只手也不可能抱起那么沉的两个大西瓜。

# 奇妙的手电筒

皮特是一个爱冒险的家伙，他经常一个人在荒野中露营。深夜，有时候他会从帐篷里钻出来，走很远的夜路。每当这个时候，他都会准备两个手电筒。但皮特解释说他不是为了防止电池没电。

**判断：**那手电筒有何妙用呢？

参考答案

一个当然是为了照路，而另一个，皮特会把他挂在帐篷外，以便回来时能很容易地找到帐篷。

# 鸭子孵蛋

一天晚上，某大型超市被盗。警局接到报案后，火速赶往现场。经过现场勘察、询问目击证人、观看监控录像等一系列程序后，他们把怀

出乎意料的判断

— 27 —

疑的焦点集中到附近一个农夫身上。警察找到农夫，问道："昨天晚上发生的事，你知道吗？"

农夫答道："你是说超市被盗吗？今天早上我看新闻时知道的。但是，我一直在家，没有出去，不能为你们提供更多的线索。"

"你在家干什么？"警察追问。

"我养了几百只鸭子，现在有十几只正在孵蛋，昨晚我一直守护在它们身边呢。"

**判断：农夫的话可信吗？**

参考答案

不可信。因为现在的家鸭都不会孵蛋。

# 容器里的水

兄弟二人到姨妈家做客。他们看到桌子上有一个立方体的玻璃容器，里面还有水。哥哥说："这里面的水肯定不到一半。"弟弟却说："里面的水一定超过一半了。"

**判断：不借助其他任何工具，怎样知道他们的话是否正确呢？**

参考答案

把这个立方体玻璃容器倾斜一下，使水面刚好到达容器口，如果底部的水面没过容器底，就说明水超过了一半；反之，不到一半。

# 巧妙折报纸

豆豆找来一张爸爸看过的报纸，准备折一架纸飞机。他先是把报纸对折了一下，又对折了一下。如果这张报纸足够大，而豆豆能对折25次。

**判断**：最后这张报纸大概有多厚呢？

A. 像一本书那么厚；

B. 有一人那样高；

C. 像一栋房子一样高；

D. 像山一样高。

参考答案

D。这就是几何级数的魅力。你要是不相信，不妨试试。

# 古怪的液体

汤姆森是个小小发明家，一天，他对小伙伴们说："告诉你们，我昨天发明了一种液体，无论什么物体，这种液体都可以将它迅速溶解。真是太棒了！我明天就去申请专利。我想我很快就要发财了！"小伙伴们听了，既惊讶又羡慕。

**判断**：汤姆森的话可信吗？

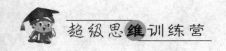

参考答案

当然不可信。如果真是那样的话，他用什么东西装那种液体呢？

# 小明有生命危险吗

光明中学有一个游泳池。蓄满水时，它的平均水深是 1.5 米。读九年级的小明身高 1.6 米。他不会游泳，但很想学游泳。

**判断：**小明有可能被淹死吗？

参考答案

有可能。一般泳池都有浅水区和深水区。1.5 米是水的平均深度，但并不表明深水区的深度，实际上，深水区的深度已经超过小明的身高。所以，小明是有可能被淹死的。

# 缸里的水

在北方，因为雨水少，有些人家会挖一个水窖蓄水。小军家的院子里就有一口大缸，用来蓄水。可是，很久没下雨了，那口缸早就干了。这一天，乌云密布，还伴有巨大的雷声。不一会儿，天空就下起大雨来。真是一场及时雨啊！只半个小时，小军家的那口大缸就蓄满水了。

**判断：**如果雨的大小和密度不变，但当时有风，那么水缸蓄满水的时间是大于半小时呢还是小于半小时？

**参考答案**

因为只和缸的大小有关，所以仍然是半个小时。

# 辈分的判断

有甲、乙、丙、丁 4 个人，其中，甲是乙的哥哥，丙是丁的哥哥，丁是甲的父亲。

**判断**：丙是乙的什么人？

**参考答案**

丙是乙的伯伯。

# 第二章　有趣的判断

## 大臣选择的死法

　　古时候，有个大臣犯了法，被国王判处死刑。这个大臣苦苦哀求，希望能得到国王的宽恕。国王念在他曾经也为国家做过贡献的分儿上，

对他说："你犯的是死罪，如果不把你处死，我又如何说服广大民众呢？但是，我允许你选择一种死法。"

"陛下，此话当真吗？"

"当然。"

大臣突然跪倒在地说道："感谢陛下不杀之恩！我选择……"

国王一听，只好叹了口气。

**判断**：这个大臣选的是什么死法呢？

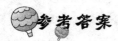

他选择的是"老死"。

# 不懂英语的人

贝贝第一次随父母去英国旅行。贝贝的父母都不会英语，所以，他们感到很多不便。但是，贝贝却一点不觉得，他感觉和在中国一样。

**判断**：为什么？

贝贝是个婴儿，他还不会说话，也听不懂别人说的话。

# 吉普车转弯

一辆吉普车从小华的身边疾驰而过，随后，吉普车在前面的路口拐

出乎意料的判断

了个180°的弯。

**判断**：拐弯时，那辆吉普车的哪只轮胎没有转？

车后的备用轮胎。

# 周叔叔买东西

星期天，周叔叔去买东西。他来到一家商铺，商铺里的柜台全是空的，但最后，周叔叔还是买到了他满意的东西。

**判断**：周叔叔究竟买的是什么商品呢？

他买的就是柜台。

# 最大的愿望是什么

飞飞在小区的小花园里和几个小伙伴玩。爸爸、妈妈找到他，对他说："我们要出去办点事，回来可能比较晚。你如果饿了，自己弄点吃的。"说完，妈妈丢给飞飞一把钥匙。

等飞飞玩够了，自己也饿了，于是跑回家想找点吃的。到了家门口，他却发现门钥匙丢了。爸爸、妈妈还没有回来。

**判断**：此时，飞飞最大的愿望是什么？

参考答案

爸爸、妈妈忘锁门了。

# 真牙还是假牙

5 岁的小迪第一次去姨父家，他看到姨父的一颗牙齿非常好看，还闪闪发光，于是对姨父说："姨父，你的牙齿真好看。"姨父听了，笑道："那是颗假牙。"小迪惊讶道："啊！真的假的？"姨父说："我还能骗你吗？当然是真的喽。"这下可把小迪弄糊涂了。

**判断：**姨父的那颗牙齿到底是真的还是假的呢？

参考答案

假牙。姨父的意思是真的是假牙。

# 双胞胎姐妹

晶晶和莹莹是一对双胞胎姐妹。这天，她俩各自站着，一个人脸朝向东，另一个人脸朝向西。

**判断：**至少需要几面镜子，她俩才可以看到对方的脸呢？

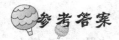

参考答案

其实根本不需要镜子。虽然她们一个人脸朝向东，另一个人脸朝向西，但两个人是面对面站着的，所以不需要镜子。

出乎意料的判断

# 大象的鼻子

动物园里，大象的鼻子是最长的。

**判断：**哪个动物的鼻子第二长呢？

参考答案

小象。

# 谁是车的主人

如果有一辆车，司机是王子，公主是乘客。

**判断：**这辆车是谁的？

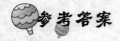参考答案

是如果的。因为说了"如果有一辆车"，"如果"是一个人名。

# 鸭与鹅

小托尼把一只活鸭和一只活鹅同时放到了冰箱里。结果，不久鸭死了，但是鹅却没事。

**判断：**什么原因？

## 参考答案

因为那是一只企鹅。

# 全世界通用的字

**判断**：什么字全世界都通用？

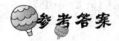

## 参考答案

阿拉伯数字。

# 红螃蟹

沙滩上有一只 2 斤重的青螃蟹和一只 1 斤重的红螃蟹。
**判断**：它们谁会爬得更快呢？

## 参考答案

当然是青螃蟹，因为那只红螃蟹是死的。

# 小华锤鸡蛋

小华用一把小铁锤去锤一个生鸡蛋，结果锤不破。

判断：为什么？

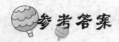参考答案

鸡蛋破了，铁锤当然是不会破的。

# 古怪的医院

　　市里新开了一家医院，医院里的设备非常先进，他们的服务也非常周到。但是奇怪的是：竟然没有一位病人去那看病。

　　判断：为什么？

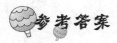

那是一家动物医院。

# 哪一个比较痛

**判断：**如果用椰子和黄瓜打你的头，哪一个会更疼呢？

参考答案

当然是你的头更疼了。

# 两只小熊

动物园里新来了两只熊，引得很多游人观看。据说：公熊每天要吃30斤肉，母熊每天要吃20斤肉，幼熊每天吃10斤肉。但是负责喂养两只熊的管理员阿姨，每天却只给它们买20斤肉。

**判断：**是不是有熊要挨饿呢？

参考答案

不会。那是两只幼熊。

出乎意料的判断

# 放屁的老李

快过春节的时候，老李赶车回家过年。可是回家的人太多，一时找不到空车。老李急得像热锅上的蚂蚁。最后，总算拦住了一辆客车。客车里的人也是满满当当。等老李坐定了，已经是满头大汗了。

车继续向前开去。突然，老李实在憋不住，放了一个闷屁。顿时，车厢里恶臭无比。乘客们纷纷捂起鼻子，有的竟然骂起来。老李也捂住鼻子，什么也不好意思说。车上的女售票员忍不住了，她问了一句，老李居然承认了。

判断：售票员怎么问的？

售票员问："放屁的人买票了吗？"老李一激动，回答道："买了。"

# 一条锦囊妙计

小周近来运气不佳。偶尔一天，他在集市上碰到一个"江湖高人"，小周就请"高人"给他一个锦囊妙计。"高人"答应了。小周赶紧去买了一个荷包。回到"高人"身边时，"高人"将一个纸条放到荷包里并把荷包口缝住了，同时对小周说："这包平时不可打开，只有当你有高兴事的时候，才可打开。切记！"说完，"高人"扬长而去。

从此，小周觉得过得比以前开心多了。这天，居然有人来给他说亲。等他见到了那个女子，他更欢喜了。那女子和她的父母对小周也非常满意，随即就定下了婚事。回家的路上，小周更是高兴得不得了，他觉得今天是他最高兴的一天。晚上，他睡不着觉，突然想起来了那个锦囊妙计。他翻出来，拆开一看，不由得说了一句："真是太灵了！"

**判断**：锦囊里到底是什么妙计呢？

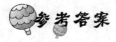
参考答案

里面的纸条上只写了一句话："今日有高兴事。"

# 有趣的答案

出乎意料的判断

有个小伙子遇见一个漂亮的女孩，一见钟情，想追求她，于是问道："你能告诉我你的姓吗？"

女孩答："没心思。"

小伙问："那你能告诉我你爱吃什么吗？"

女孩答："青春美丽痘。"

小伙问："那你最爱喝什么呢？"

女孩答："值得一笑。"

小伙子听了，一头雾水。女孩只是看着他笑。其实，女孩已经回答了他的问题。

**判断**：女孩子姓什么，爱吃什么，爱喝什么呢？

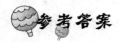
参考答案

女孩姓田，爱吃面疙瘩，爱喝可乐。

# 乘热气球旅行

一个科学家，一个探险家，一个经济学家，一个商人，4 个人乘坐一个热气球做环球旅行。在飞到大西洋的上空时，遇到了风暴。虽然他们最终躲避了风暴，但是，热气球的燃气装置却坏了。由于没有新的热气，热气球开始向下坠落。于是，他们开始把一些不必要的东西往下扔。然而，热气球还是在下降。如果真的落到海里，他们都会被淹死。最后，他们商量决定：为了保证热气球平安降落到陆地上，必须得有一个人做出牺牲。

**判断：** 他们最后把谁扔到海里了呢？

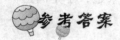

最重的那个人。

# 著名的律师

有位律师，经常帮人打婚姻官司，而且，每次这位律师总是站在妻子一边，帮她们向丈夫争取尽可能多的利益。几年后，这位律师便成为了一位知名的律师，很多要离婚的女人都慕名而来。

然而，这位律师自己的婚姻也出现了问题。最后，不得不诉至法院，请求离婚。这次，这位律师依然站在妻子一边，向丈夫争取到了最多的利益。而这位律师也没有因此遭受任何损失。

**判断：** 这究竟是怎么一回事呢？

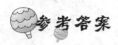
**参考答案**

这位律师本身就是女性，她当然会站在自己的立场向丈夫争取最多的合法利益，自己当然没有损失了。

# 怕来不及

贝贝和晶晶，两家相距不到 10 米。有时候，他俩打开窗户就可以直

接聊天。有一天，晶晶站在窗户边叫来贝贝，对贝贝说："我爸爸送我一盒巧克力，特别好吃，我给你留了几个，你来我家吃吧。"贝贝却说："恐怕不行。我在家等我外婆的电话呢。她说 10 点钟给我打电话。现在已经 9 时 50 分了。"

**判断**：贝贝为什么怕来不及呢？

 **参考答案**

他们两家都住在很高的楼层里，虽然相隔很近，可是要从这家到那家再回来，要乘 4 趟电梯。所以，贝贝怕来不及。

## 士兵该怎么办

有两个相邻的国家，边境有一条大河，河上有一座大桥。大桥的两头分别有两国的士兵驻守。两国共同发布一个公告：过桥的人须向驻守的士兵说明去向，说实话者才允许过桥，说谎者将被送入监狱。

一天，一个人要过桥，他对守桥的士兵说："我过桥去监狱服刑。"

**判断**：士兵应该怎么办呢？

 **参考答案**

无论他说的是真话还是假话，士兵都应该把他送去监狱。

## 百倍的爱

学校新调来了一位数学老师，姓赵，长得非常漂亮。有几个年轻的教师对她动心了。一天，她收到了马老师写给她的情书。赵老师看了后，很快给马老师写了回信："既然你喜欢我，那么你究竟喜欢我到什么程度呢？"马老师收到回信后，高兴不已，但又不知如何表达他对赵老师的爱。突然，他想起听说李老师也对赵老师有好感，于是就写道："我对你的爱比李老师对你的爱要高百倍。"赵老师接到这封信后，哈哈大笑，给马老师回信道："看来你根本就不爱我啊！"

**判断：**赵老师为什么那样说呢？

参考答案

因为李老师不爱赵老师，所以无论比李老师的爱高多少倍，那都是零。

# 饿死的懒儿子

从前有对夫妻，结婚以后一直没有生孩子。直到两个人快绝望了，却老来得子。夫妻二人无比欢喜，对儿子更是无比宠惯。儿子从小就养成了衣来伸手饭来张口的坏习惯，懒惰无比。儿子 10 岁了，还一点儿也不会照顾自己。

有一天，夫妻二人要去办事，而且得一个星期后才能回来。夫妻二人心想：儿子不会自己做饭吃，我们这一去，他肯定要饿死的。怎么办呢？聪明的妻子突然想了一个办法：她做了一张大大的饼，把中间挖了一个洞，然后套在儿子的脖子上，并嘱咐儿子说："我们要出去，7 天以后才能回来。为了不让你饿死，我特意做了这么一张大饼。如果你饿了就咬一口。这个饼足够你吃 7 天了。你一定要在家好好地等我们回来，知道吗？"

儿子高兴地答应了。

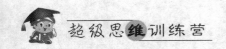

夫妻二人放心地离家了。当他们回到家，发现儿子还是死了。脖子上的饼也只被吃了一半。

**判断：**这是怎么回事呢？

参考答案

他只吃掉了脖子前边的饼，由于懒得将饼转动一下，还是饿死了。

# 炒股的秘诀

巴菲尔非常喜欢炒股票。有一天，他因为炒股票竟然炒成了百万富翁。于是，很多人找到他，向他请教。甚至有一家投资公司找到他，想对他做个专访，探讨一下他的炒股秘诀，并想花重金聘请他为投资顾问。

当巴菲尔说出他的炒股秘诀时，更是让人无比惊讶。

**判断：**巴菲尔的秘诀是什么呢？

参考答案

"我之前是一个千万富翁。"

# 课堂上的恶作剧

下午的最后一堂课是自习课，淘气的洋洋又搞起了恶作剧。他画了一头猪，悄悄地贴到了同桌纪律委员的背后。坐在纪律委员后面的是一个女同学，而且是全班公认的胖子。她看到纪律委员身后的画后，忍不住大笑起来。纪律委员回过头，让她保持安静。这一下，那个女同学笑得更大声了，同时指着纪律委员的后背说了句话。全班同学听到后，纷

纷大笑起来。

判断：那个女同学到底说了什么呢？

她说："你后面有头猪。"不知情的同学还以为是说她自己呢。

# 特殊工作

在一个跨国公司的总部大楼里，有一个人的工作很特殊，他不是总裁，也不是人事部经理，却负责全公司员工及干部上上下下的工作。

判断：这个人是干什么的？

大楼里开电梯的。

# 临时工看仓库

从前有一个地主，每年都要收很多租子。这一年又是大丰收，仓库都堆得满满的了。地主害怕仓库被盗，就雇佣了一个临时工给他看仓库。

第二天一早，地主就问临时工昨晚仓库里有没有发生异常情况。临时工说："没有发生任何异常现象，而且我还做了一个梦，梦见您的儿子当了大官。您肯定要发大财了。"地主听了非常高兴，并赏了他一些钱。可是下午，地主就把这个临时工辞掉了。

判断：这是为什么？

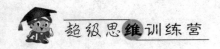

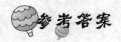参考答案

看仓库，晚上最重要，是不能睡觉的。临时工说他做了一个梦，说明他昨天晚上睡觉了。这样，地主当然不放心了。开始时，因为地主听了好话只顾高兴了，过一会儿想明白了，自然把他辞了。

# 分巧克力

爸爸从国外带回来一盒巧克力，交给姗姗让她分给弟弟、妹妹和她自己 3 个人。打开漂亮的盒子，里面共有 6 小块，所以，每人正好两块。可是姗姗分好后，盒子里还有两块巧克力。

**判断**：这是怎么回事呢？

姗姗给弟弟、妹妹每人两块，剩下的两块是她自己的，她把盒子也一并要了。

# 古怪的谈话

甲乙两个人在聊天。甲说："去年博物馆的国宝盗窃案，到现在也没有侦破，那帮警察真是群窝囊废。好像他们到现在还没有找到一点有用的线索。"乙说："可不是嘛，他们就是一群摆设。但是，那个盗窃犯却得坐 10 年牢了。"

**判断**：既然警察没抓住盗窃犯，还没有宣判，为什么乙知道他坐 10 年牢？

甲乙都是罪犯，他们是在牢里聊天。甲因为其他罪行要坐 10 年牢，而乙知道国宝盗窃案就是甲干的。

# 盒子有几个边

**判断**：一个盒子共有几个边？

参考答案

没有说是一个什么样的盒子，所以是无法确定边的数量的，唯一能确定的是它一定有里边和外边。

# 假如是你，如何捡钱

星期天，爸爸带小英去公园玩。他们玩了碰碰车，正准备去坐摩天轮，小英突然看到地上有一张 100 元和一张 10 元的纸币。她弯下腰去捡钱。

**判断：**小英会捡哪一张呢？

参考答案

她当然会两张都捡了，然后交给公园管理处。

# 四儿子叫什么

小光的父母有 4 个儿子。大儿子叫大强，二儿子叫二强，三儿子叫三强。

**判断：**四儿子叫什么？

参考答案

当然叫小光了。

# 三人散步

公园里，有 3 个人在一起散步，有人问他们是什么关系。第三个人说："第二个人是第一个人的孩子。"但第一个人很快反驳说："我不是第二个人的妈妈，他也不是我儿子。"他们说的都是真话。

**判断**：他们是什么关系？

**参考答案**

第一个人是第二个人的爸爸，第二个人是第一个人的女儿。

# 祖传妙方

江南一小镇上，有一个小青年摆了一个小摊子，旁边还有一个广告，上面写着：祖传妙方，用此法者，持家必发，喝酒不醉，生虱断根。很快，就有很多人来围观。妙方用厚纸包裹，郑重其事地摆着，标价每包100 元。有人将信将疑地买回一包，把纸一层层打开，结果发现里面根本没有什么药，只有一张纸上写着 6 个大字。买者大呼上当，准备去找那个卖药的，但又一想，好像妙方确实说得有理。

**判断**：你知道上面写的哪 6 个字吗？

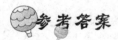
**参考答案**

勤俭、早散、勤捉。

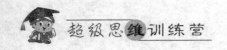

# 戒指为什么没有湿

一个朋友来张明家做客，张明非常高兴，并要给朋友泡杯茶。但是，他却把戒指掉到了茶杯里。张明一惊，但他迅速从杯中取出了戒指，然而戒指竟然没有湿。

**判断：**这是怎么回事？

因为当时张明还没有往杯中加水。

# 农夫过河

有一个农夫，住在河的南岸。他有一个农场在河的北岸。每天，他都要过河去他的农场。河水很深，附近没有桥，农夫又不会游泳，所以他每天要驾一条小船过河。

这一天，农夫居然迅速地跑过河去，而且身上一点儿也没有湿。

**判断：**为什么？

河上结了很厚的冰，农夫从冰上过的河，自然不会湿了。

# 摸脑袋的人

村里有个人，叫刘二。他6岁的时候，父母就相继去世了。他没有兄弟姐妹，只能自己一个人艰难地生活。挨饿、遭人欺负都是难免的。渐渐地，他养成了一种很凶狠的脾气。长大后，就再也没人敢惹他了。他见谁都是一副凶神恶煞的样子。因此，很少有人愿意亲近他，更不要说摸他的脑袋了。但是，有一个人却敢随意摆弄他的脑袋，而且刘二却并不生气。

**判断：**那是什么人呢？

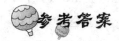参考答案

理发师。

# 越　狱

沙漠中有一座监狱，一天，几个罪犯在一起秘密商议越狱的事。半夜里，他们趁狱警不注意，成功地逃脱了。他们拼命地跑，一直跑到天亮。他们向四周望去，周围仍是沙漠，他们不知道何时才能走出这个沙漠。为了彻底躲避狱警的追捕，他们不得不继续向前走。

温度很快就升高了，他们感到又热又渴又饿。不一会儿，他们都疲倦了，走不动了。怎么办呢？几个逃犯想了想，最后决定还是按原路返回，赶紧回到监狱去。

**判断：**既然他们逃出监狱了，干吗还要回去？

参考答案

如果他们不回去，只会死在沙漠中，回到监狱，或许还有生的希望。

# 逃出围栏的袋鼠

动物园里新来了一个饲养员，他负责饲养一只袋鼠。可是第二天，袋鼠居然从围栏里跑了出来。动物园里的工作人员费了好大的劲才逮着袋鼠，把它关回到围栏里。园长狠狠地批评了那个饲养员。饲养员觉得，一定是围栏太低了，于是他把围栏加高了 10 厘米。可是，袋鼠又逃出来了。饲养员很郁闷，一生气，把围栏又加高了 20 厘米，心想这回袋鼠再也不可能跳出来了吧。但没想到，袋鼠还是逃脱了。

**判断：**这到底是怎么回事呢？

参考答案

那个饲养员每次喂完袋鼠后，总是忘了关围栏门。袋鼠根本不是跳过围栏出来的，而是从门里出来的。

# 捡钱为什么不高兴

小娜去小英家玩。回家的路上，小娜捡到 20 元钱。她把钱揣到口袋里，但是却一点也不高兴。

**判断**：为什么？

小娜认出来，那 20 元是她自己丢掉的，当她把钱揣到口袋时才发现她丢了不止 20 元。

# 富翁选女婿

有一个富翁，他有一个非常漂亮的女儿。女儿从小到大，都受很多人喜欢。当女儿到了结婚的年龄时，追求她的人更是络绎不绝。富翁明白，很多人追求他的女儿完全是因为他有钱。为了给女儿挑一个真心爱她的丈夫，富翁决定举办一次公开的招婿大赛。

消息一公布，便有很多人报名。富翁把比赛现场设在自家的私人花园里。比赛这天，富翁带领所有的报名者参观了一下他的大花园。最后，把他们领到一个水池旁。他对所有的报名者说："如果你们有谁真心爱我的女儿并愿意娶她为妻，我将把这个花园送给他。但是，你们谁是真心爱我的女儿的呢？"

"我！""我！"所有人都这样大声地叫着。

富翁不紧不慢地继续说道："先生们，不要着急。一会儿，我的漂亮

女儿将出现在水池的对面。如果你们真的爱他，那你们就跳入水池，快速地游向对岸。谁第一个抓住我的女儿，我就把我的女儿嫁给他。"

这一下，所有的追求者都惊愕了。因为，他们眼前的这个水池分明是一个鳄鱼池，里面有几条鳄鱼正闭目养神呢。

"这不是要人命吗！"

"看来你们根本就不是真心爱我的女儿啊！"富翁说道。

现场一阵沉默。

这时，富翁的女儿出现在了水池对岸，她的美貌顿时引起了追求者的一阵骚动。

"幸福就在对岸，难道你们真的没有人真心爱我的女儿吗?"富翁叹道。

他的话音刚落，就听"扑通"一声。接着，就看到一个小伙子迅速地游到了水池的对岸。还好，他没有被鳄鱼吃掉。大家为他欢呼，更是无比嫉妒。

富翁走过去，拉着小伙子的手，激动地说："小伙子，你是最勇敢的。我想你也是真心爱我的女儿的，我已经同意你和我的女儿结婚了。你还有什么要说的吗?"

小伙子似乎还有点惊魂未定，他喘着粗气，说了一句话，让所有人惊诧至极。

**判断：小伙子说了什么话?**

参考答案

小伙子说："我——想——知道——是谁——把我——推下水的?"

# 第三章　学会全面判断

## 穷少爷写春联

　　从前有位花花公子，从小好吃懒做，不务正业。父母死后，仍恶习不改，很快就把家产花了个一干二净，成了个穷少爷。

　　这年除夕，这穷少爷过年连米都没有了，于是自嘲地写了副对联："行节俭事，过淡泊年。"贴于门口。晚上，他的舅舅买了 2 斤肉，背了 10 斤米过来，看到门前春联，感慨万千，便对外甥说："你这对联的头上，还应各加一个字！"说完挥笔在对联上添了两个字。穷少爷一看，羞愧不已。从此改邪归正，自力谋生，成了个回头浪子。

　　**判断**：穷少爷的舅舅在对联上加了什么字？

参考答案

　　早行节俭事，免过淡泊年。

---

— 57 —

# 老寿星的年龄

　　乾隆皇帝微服私访，一日，恰巧碰到一位老寿星做寿。很多人都来拜寿，把一个大院子挤得满满当当。乾隆也来了兴致，想去一睹老寿星的尊容。于是命令随从准备了一些礼物也去给老寿星祝寿。当他得知老寿星的年龄后，更是惊讶不已，说一定要送副对联给老寿星。老寿星叫家人准备好纸笔。乾隆大笔一挥，写道："花甲重开，外加三七岁月；古稀双庆，再多一个春秋。"众人看了，无不佩服乾隆的文采。老寿星也格外高兴，让人把乾隆安排到上座。

　　**判断**：老寿星的年龄多大？

　　一个花甲是 60 年，两个花甲加三七二十一岁就是 141 岁。一个古稀是 70 年，两个古稀加一岁，也正好是 141 岁。上下联都暗指寿星 141 岁。

# 县令受贿

　　古时候，有个花花公子姓赵，仗势欺人，为非作歹，当地的县令也怕他三分。百姓在背后都叫他"赵霸王"。

　　这一天，赵霸王带着几名家丁去集市上，又想敲诈勒索。他们看到有个农夫在卖西瓜，正好感到口渴，上去挑了一个西瓜，二话没说就砸开了并吃了起来。农夫见他们这么不礼貌，就生气地向他们要钱。其中一个家丁恶狠狠地说道："小子，难道你不认识我们赵大爷吗？吃你一个西瓜还要钱？吃你的西瓜算是抬举你。你要再不识抬举，小心我们把你这西瓜都砸烂。"

赵霸王吃完了西瓜，把瓜皮往地上一扔，就大摇大摆地走了。农夫还是舍不得他辛辛苦苦种出来的西瓜，抓起扁担跑到赵霸王前拦住了去路，说一定要给钱。赵霸王果然怒了起来，从随从的一个家丁手里夺过一把斧子向农夫的头上砸去。农夫躲闪不及，正好被砸中脑袋，当场毙命。赵霸王见农夫死了，还是有点担心，很快离开了现场。

虽然大家都很害怕赵霸王，但人命关天，还是有人报了官。农夫的家人知道后，也写了一份状子告到县衙。然而，赵霸王很快派人给县令送去了很多钱。县令收了钱，却也左右为难。他又看了看农夫家人的状子，突然计上心来。他把状子中"赵霸王仗势欺人，用斧子砸死我儿"改了一个字，结果判杀人犯赵霸王免于死罪。

**判断**：县令到底改的是什么字呢？

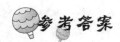

把"用"字改为"甩"字，这样就变赵霸王故意杀人为过失杀人了。

# 谁最聪明

有一位学识渊博的先生，每年都会招收几个弟子。很多人家都想把自己的孩子送他那儿学习。但是，先生每次都要给来的孩子出题，只有答对的他才愿意收下。

这一年，李家兄弟三人一起去先生处求学。先生看到兄弟三人都大头大脑，觉得挺可爱。按照惯例，他还是要给他们出题，说："看你们三人，我都觉可爱。但是，我仍旧要考考你们。谁要是答对了，我就收下谁。"说完，先生拿出 3 张纸来，给他们一人一张。纸上都写着："一女牵牛上独木，夕阳落在方井上。"

老大想了想，提起笔并以这几个字为命题写起文章来。老二认为老师是让他对下联，想了半天，总算是写出来一句，也不知道对不对。老三思考片刻，只在纸上写下"李明"二字。

**判断：** 老师最后收下谁了呢？

老三。因为老师的那两句话都是个字谜，谜底就是"姓名"。

# 老鼠偷奶酪

一窝老鼠的首长派 4 只小老鼠一块出去偷食物。结果他们都带回来了东西。他们把东西放在一起，向首长报告。首长看到他们的东西，问道："你们都偷到了什么啊？"

老鼠 A 说："我们都偷了奶酪。"

老鼠 B 说："我只偷了一颗樱桃。"

老鼠 C 说："我没有偷奶酪。"

老鼠 D 说："其实有没偷奶酪的。"

有老鼠报告首长说它们之中只有一只说了实话。

**判断：哪只老鼠说了实话？**

假设老鼠 B 说的是实话，那么老鼠 A 说的就是假话；假设老鼠 C 或 D 说的是实话，这两种假设只能推出老鼠 A 说假话，与题意不符。假设老鼠 A 说的是实话，那么其他 3 只老鼠说的都是假话，这符合题中仅一只老鼠说实话的前提。所以老鼠 A 说的是实话。

# 谁是姐姐谁是妹妹

有一个人迷了路，而且天气阴沉，他也不知道是上午还是下午。这时，他看到前面有两个小女孩在玩耍，于是决定过去打听一下。他走过去，问她们说："小朋友，你们好！叔叔在这迷了路，而且不知道时间，你们能告诉我现在是上午还是下午吗？"

胖女孩说："上午。"

"不对"，瘦女孩说，"叔叔，现在应该是下午。"

"那，你们谁是姐姐呢？"他觉得应该相信姐姐的话。

结果两个女孩都说自己是。这下他迷糊了，到底她们谁说的才是真话呢？他只好无奈地继续向前走。没走一会儿，他看到一个妇女向他走来。他把妇女拦住，问她什么时间，并且告诉她刚才有两个女孩和他说

出乎意料的判断

的话。妇女笑了，说道："我正是去找她俩呢。她们是我的女儿，而且，她们有个毛病：姐姐上午说真话，下午说假话；妹妹上午说假话，下午说真话。""哦，那我知道了。"他说。

**判断：**此时究竟是上午还是下午呢？

参考答案

假设是下午，那么瘦女孩说的就是真话，但是到底谁是姐姐就无法确定了。所以不可能是下午。可以肯定当时是上午，此时姐姐说真话，而胖女孩说是上午，所以胖女孩是姐姐，瘦女孩是妹妹。

# 好事是谁做的

小玲、小丽和小英是同班同学，也是好朋友。她们经常一起上学，一起放学回家。这天放学，她们一起回家。分手后，她们其中一个人看到有一个老奶奶摔倒在地上了。于是，把她拉起来，并想办法送回了家里。老奶奶的家人非常感谢她，问她姓名，可是她只说了声"不客气"就走了。后来，老奶奶找到学校，说一定要表扬那个同学。校长让每个班主任问问是不是自己班的同学。

在一次班会上，班主任就问起了这件事。

小玲说："我知道，是小丽做的。"

小丽却说："不是我做的。"

小英说："也不是我做的。"

老师和同学们都被3个人的话弄懵了。其实，她们中只有一人的话是真实的。

**判断：**到底是谁做的好事呢？

如果是小玲做的，则3个人的话都是假的，应该排除；如果是小丽做的，则小玲和小英的话真的，不合题意；如果是小英做的，则小玲和小英的话是假的，小丽的话是真的，符合题意。所以，好事是小英做的。

# 世界上的人种

最近的一次世界人口统计调查表明：（1）黄种人比黑种人多得多；（2）在白种人中，男性多于女性；（3）各人种的男女比例几乎相等。现在有如下几种说法：

A. 黄种女性多于白种男性。

B. 黑种女性少于黄种男性。

C. 黑种男性少于黄种男性。

D. 黑种女性少于黄种女性。

**判断**：哪种说法是错误的？

A 种说法是错误的。

# 四对小夫妻

有4对夫妻：小赵、小王、小张、小李、小洪、小江、小徐和小杨。

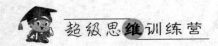

小赵结婚的时候，小张来送过礼。小张和小江是同一排球队队员。小李的爱人是小洪的爱人的表哥。有一次，小洪夫妻吵架，小徐、小张和小王都来劝过。小李、小徐和小张，结婚前曾住在一个宿舍。

**判断：**他们中究竟谁和谁是夫妻？

参考答案

　　首先判断性别。因为小李的爱人是小洪的爱人的表哥，所以小李是女性，进而可以判断出小徐、小张和小江也是女性。因此，小赵、小洪、小王和小杨是男性。接下来分析夫妻关系。从小洪入手，因为小洪夫妻吵架，小徐、小张和小王来劝架，说明小洪的爱人只可能是小李或小江。但是由于小李的爱人是小洪的爱人的表哥，所以小洪的爱人一定是小江。再来分析小李的爱人。小洪夫妻吵架，小徐、小张和小王来劝架，而小王是男性，且小李的爱人是小洪的

爱人小江的表哥，可见小王很有可能就是小江的表哥，也就是小李的丈夫。这样得出小王和小李是夫妻。剩下的男性还有小赵和小杨，女性还有小张和小徐。在小赵结婚的时候，小张来送礼，说明小赵不是和小张结婚，所以小赵和小徐是夫妻，小张和小杨是夫妻。

# 车主分别是谁

　　吉米、凯恩和汤姆3个人一起去车展参观，结果各自看上了一辆汽车，于是就买下了。3辆车的牌子分别是奔驰、本田和宝马。他们开着自己的新车一起去了托马斯家。他们把车停到托马斯家的院子里，叫托马斯。托马斯正在聚精会神地看电视，听到有人叫他，他才起身向院中走去。看到院中的3辆新车，托马斯羡慕不已。

　　"太棒了这车！"

　　"我们刚买的，一买完就来看你了。"汤姆说。

　　"那么——等等，让我猜猜你们各自买的是什么品牌。"

　　"好啊。"吉米说。

　　"呃，汤姆买的肯定不是宝马，凯恩自然不会买奔驰，吉米买的是奔驰。"

　　"哈哈……"3人笑了起来。

　　"抱歉，托马斯，你只说对了一句。"凯恩说。

　　**判断**：他们3个人究竟各买了什么牌子的车呢？

 参考答案

　　只有当"*汤姆买的肯定不是宝马*"的猜测是正确时，其他两种猜测才是错的。所以，汤姆买的就只能是本田或奔驰，吉米买的不是奔驰，只能是宝马或本田，那么吉米买的是宝马，凯恩买的是奔驰，汤姆买的是本田。

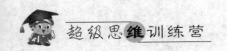

# 李掌柜出谜题

聚仙楼的李掌柜本来读书不多，但是擅长经营，他的聚仙楼总是生意兴隆。因为饭菜好吃，而且环境优美，总是有很多文人来此会友。李掌柜经常和这些文人打交道，耳濡目染，也变得文雅起来。

这天，又一群文人来酒楼吃饭。李掌柜一看，也都是认识的常客，于是开玩笑地对他们说："我有一谜要请教各位。如果你们能猜对，今天我给你们打八折。"文人们一听，立刻来了兴致。李掌柜说："商周有，汤武无；唐虞有，尧舜无。"不一会儿，里面就有一个秀才说道："看来，今天李掌柜是一定要给我们打折了。你说的字就是'右边有，左边无；凉天有，热天无；跳者有，走者无；高者有，矮者无；智者有，蠢者无'。"在场各位听了，都哈哈笑了起来。

**判断**：李掌柜出的字谜是什么呢？

寻找"商周唐虞右凉跳高智"中相同的部分，自然就是个"口"字。

# 为国尽忠的于谦

于谦，明朝的一位民族英雄，也是一位著名的政治家、军事家。他少年时十分仰慕文天祥，还努力研讨古今治乱兴衰的规律。他年少的时候，曾写过一首托物言志诗：千锤万凿出深山，烈火焚烧若等闲。粉身碎骨浑不怕，要留清白在人间。

**判断**：这首诗托的物究竟是什么呢？

石灰。作者描写了从石灰开采到变成熟石灰的全过程，以石灰做比喻，表达自己为国尽忠，不怕牺牲，以及坚守高洁情操的决心。

# 大侠扶危济贫

古时候有一位大侠，行侠仗义，好打抱不平，还总爱劫富济贫。

这一天，他路过一个小村落。无意中，看到一户人家的大门上贴着"贰叁肆伍，陆柒捌玖"的对联。大侠再看眼前的这个屋子，破破烂烂，心想一定是个穷苦人家。可是，他们最缺什么呢？他又看了一眼门上的那副对联，之后，便到一个财主家"偷"了两样东西，悄悄地扔到了穷人家的院子里。第二天，那家人起来，发现院子里的东西，真是又惊又喜。"感谢老天爷！这些正是我们最需要的东西啊！"

**判断**：大侠"偷"了哪两样他们最需要的东西呢？

一定要结合那副对联，数字中没有"壹"和"拾"，意思就是"缺壹少拾"，谐音就是"缺衣少食"。所以大侠"偷"的就是他们缺的衣服和粮食。

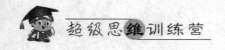

# 公公的难题

从前有个员外，很聪明。他有 3 个儿子，可都有些呆头呆脑。3 个儿子相继娶了媳妇。3 个儿媳妇虽然都很孝顺，可也都不很聪明。

这天，员外把 3 个儿媳妇叫到跟前，对她们说："你们好久没有回娘家了，想必你们都很想念你们的父母了。明天，你们都回娘家看看吧。" 3 个儿媳妇一听，高兴极了。但是，员外又说："不过，你们一定要遵照我的要求。大媳妇可以在家住三五天，二媳妇可以住七八天，三媳妇可以住十五天。你们 3 个人必须同去同回。大儿媳妇，你回来的时候得给我带些'骨头包肉'。二儿媳妇，你回来的时候要给我带一个'纸包火'。三儿媳妇，你要给我带几斤'河里的柳叶泅不烂'。"

刚才还满心欢喜的儿媳妇，这一听，居然都愁眉苦脸起来。"公公这不是在难为我们吗？"

**判断**：员外究竟让她们回去住几天？让她们分别带回什么东西呢？

参考答案

员外同意她们在娘家住 15 天，（$3 \times 5 = 15$，$7 + 8 = 15$），要大儿媳妇带的是核桃，要二儿媳妇带的是灯笼，要三儿媳妇带的是鱼。

# 唐伯虎学画

唐伯虎是明朝江南四大才子之一，从小就聪明伶俐，而且喜欢画画。于是，其父母便找到当时非常有名的画家周臣，希望能收下唐伯虎为徒。

周臣见唐伯虎聪明俊秀，很快就答应了。

　　一开始，唐伯虎学习绘画很认真。过了一年后，他觉得自己已经画得很好了，而且似乎已经超过了老师。于是，唐伯虎就向老师提出不再学画了，要回家孝敬父母。周臣看出来唐伯虎的心思，但是他没有恼怒，而是心平气和地对唐伯虎说："既然如此，那我们也得吃了离别饭再走啊！"唐伯虎听了很高兴。周臣叫他的妻子准备了饭菜。之后，师徒二人来到一间已摆好酒席的屋子。二人一边吃，一边聊。虽然唐伯虎很自满，但还是感激师傅这一年多来对他的教导。几杯酒下肚，周臣感觉有些热。于是对唐伯虎说："伯虎啊，为师有些热了。你去把窗户打开，凉快凉快。今天我们一定要一醉方休啊！"唐伯虎高兴地答应了。他站起身，走到一个窗户边，想把它推开。可他费了老大的劲，最后还是没有打开，定睛细看，大吃一惊。唐伯虎突然转过身来，对着师傅"扑通"跪下，说道："师傅，弟子错了。我不回家了，愿意和师傅继续学画。"周臣一听，哈哈大笑起来。

　　**判断**：唐伯虎为什么突然改变主意了呢？

**参考答案**

　　唐伯虎之所以推不开那扇窗户，原来是师傅周臣在墙上贴的一幅画。自满的唐伯虎顿时明白其实他的画技距师傅还差得很远。从此，唐伯虎静下心来继续和周臣学画，最后终于超过了周臣。

# 刘罗锅祝寿

　　清朝的宰相刘罗锅，为官清廉。一次，乾隆皇帝做寿，文武百官无不为寿礼精心准备着。祝寿当天，很多大臣都进献了奇珍异宝，皇帝非常高兴。这个时候，只剩下刘罗锅没有献礼了。皇上问："刘爱卿，你给朕带来了什么宝贝啊？"只见刘罗锅从身后提了一只木桶，木桶上用白布盖着，走到大殿中央。所有的大臣都盯着看。

"这是个什么宝贝？看来不小啊！"

"好像还很重呢。"

"不知道他又要玩什么鬼把戏呢。他穷得要命，哪有什么宝贝？"

大臣们小声议论着。

皇帝一看，也觉得奇怪："爱卿，这次你怎么这么大方，桶里究竟是什么大宝贝啊？"

刘罗锅不紧不慢地说："陛下，这个一定是您想要的。"

"哦！快打开看看。"

两旁的大臣们更是瞪大了眼睛，要一睹为快。

刘罗锅揭开白布，所有人更是瞪大了双眼：原来，那木桶里装的就是些生姜。

"大胆刘墉！你竟敢欺骗皇上！"

大殿里立刻哄乱起来。

皇帝看了也很不高兴，说道："刘墉，你这是什么意思？难道我御膳房的生姜没有你的好吗？整个江山都是我的，难道我还缺这些生姜吗？"

"陛下，陛下，请听我说。我这个可是有寓意的。"接着，刘罗锅说出了它的寓意。皇帝听了，果然又龙颜大悦，夸奖起刘罗锅来。

判断：刘罗锅的寓意到底是什么呢？

参考答案

一桶姜山，寓意"一统江山"。

# 拾金不昧的兰兰

有一天，丁丁、兰兰和同同在学校操场玩。突然，有人看到一个钱包并捡了起来。3个人商量，最后决定交给班主任王老师。

王老师知道情况后，表扬了他们。同时问道："是你们谁最先发现的啊？"

丁丁说："不是我，也不是兰兰。"

"哦，那就是同同喽。"王老师说。

他们3个人一笑。同同说："不是我，我也不知道是谁最先发现的。"

王老师看了兰兰一眼。兰兰说："不是我，也不是同同。"

"你们……"王老师真不知道他们在搞什么鬼。

兰兰又说："王老师，其实我们刚才说的话，都是一句是真的，一句是假的。"

"哦，原来如此。你们是想考考我呀！不过我已经知道是谁最先发现的了。"王老师笑道。

判断：你知道钱包是谁最先发现的吗？

参考答案

同同说钱包不是他发现的，也不知道是谁发现的，由此就可以判定：

他的第二句话是假的，第一句话是真的。那么兰兰说的第二句话是真的，第一句话是假的。所以钱包是兰兰最先发现的。

# 女生宿舍

某大学的一个女生宿舍，住着雯雯、倩倩和秀秀3个人。她们一个来自上海，一个来自北京，一个来自合肥。她们所学的专业也不相同，一个是学工商管理的，一个是学国际金融的，还有一个是学英语的。而且还知道：（1）雯雯不是学国际金融的；（2）倩倩不是学英语的；（3）学国际金融的不是来自北京；（4）学英语的来自北京；（5）倩倩不是来自合肥。

**判断：** 雯雯学的是什么专业，来自什么地方？

雯雯学的是英语专业，来自北京。

# 酒鬼送酒

有5个酒鬼，他们的外号分别叫"威士忌"、"鸡尾酒"、"五粮液"、"伏特加"和"白兰地"。某年圣诞节，他们之中的每一个人，都向其他4个人中的某一个人赠送了一瓶酒。没有两个人赠送的酒是一样的，每种酒都是他们中某个人的外号所表示的酒，没有人赠送或收到的酒是他自己的外号所表示的酒。

"五粮液"先生送给"白兰地"先生的是鸡尾酒，收到白兰地酒的先生把威士忌酒送给了"五粮液"先生，外号和"鸡尾酒"先生所送的酒名称相同的先生把自己的酒送给了"威士忌"先生。

**判断：**"鸡尾酒"先生所收到的酒是谁送的？

"鸡尾酒"先生所收到的酒是"威士忌"先生送的。"威士忌"先生送给"鸡尾酒"先生五粮液；"鸡尾酒"先生送给"伏特加"先生白兰地；"伏特加"先生送给"五粮液"先生威士忌酒。

# 公主与白马王子

娜娜公主心目中的白马王子必须是个高鼻梁、白皮肤、高个子的男子。有4个男子进入了她的视野，分别是亚历山大、汤姆、杰克和皮特。他们的情况是这样的：

（1）每位男士都至少符合一个条件；

（2）其中有3个人是高鼻梁，两个人是白皮肤，一个人是高个子；

（3）亚历山大和汤姆都不是白皮肤；

（4）汤姆和杰克的鼻梁都很高；

（5）杰克和皮特并非都是高鼻梁；

只有一位符合公主的全部条件。

**判断：**他是谁呢？

因为亚历山大和汤姆都不是白皮肤，所以白皮肤的只能是杰克和皮

出乎意料的判断

特。因为杰克是高鼻梁，所以皮特必然不是高鼻梁。亚历山大、汤姆和皮特都有不符合的条件，所以符合全部条件的只能是杰克了。

# 今天到底是星期几

暑假里，大家一般只记得日期，不记得星期几。一天，住在一个院子里的小朋友们对今天是星期几进行了如下猜测：

小华说："今天是星期三。"

小红说："不对，后天星期三。"

小江说："你们都错了，明天是星期三。"

小波说："今天既不是星期一也不是星期二，更不是星期三。"

小明说："我确信昨天是星期四。"

小芳说："不对，明天是星期四。"

小美说："不管怎样，昨天不是星期六。"

事实上，他们之中只有一个人说对了。

**判断**：今天到底是星期几？

## 参考答案

除了星期日外，都不止一个人说到。因此，小波说得对，今天是星期日。

# 淮是盗贼

一个仓库被盗，大批商品在夜间被罪犯用汽车偷运走。警方最后锁

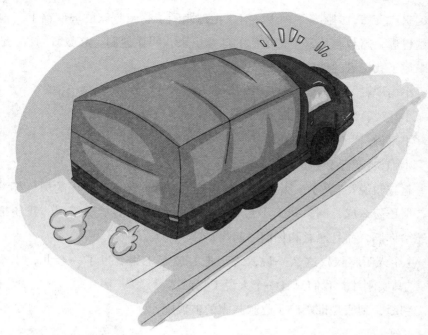

定了3个犯罪嫌疑人：甲、乙、丙。经过调查得知：（1）丙作案时总得有甲做从犯。（2）乙不会开车。

**判断**：甲是否参与了这起盗窃案?

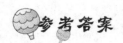参考答案

如果丙作案，则甲是从犯；如果丙没有作案，由于乙不会开车，不会单独作案。因此，甲必定参与作案。丙要么作案，要么没有作案，二者必居其一。所以，甲一定参与了这起盗窃案。


# 踢足球的孩子

星期天，小勇、小兵、小军和小强4个人在院子里踢足球。他们越

踢越欢。突然,"哐啷"一声,有人把球踢到了赵叔叔家的玻璃窗上。他们刚想逃,赵叔叔从家里把他们的球拿出来并叫住他们。赵叔叔问:"是谁踢烂了我们家的玻璃?"

小勇说:"是小兵干的。"

小兵说:"是小强踢的。"

小军说:"不是我踢的。"

小强说:"小兵撒谎。"

赵叔叔说:"男子汉大丈夫,敢作敢为,你们连承认错误的勇气都没有,那还怎么成长啊?我又不会吃了你们。如果你们承认错误,我还把球还给你们,而且愿意和你们一起踢足球。"

4个人听赵叔叔这么一说,终于把心放了下来。过了一会儿,小军说:"其实刚才,我们只有一个人说了真话。"

**判断**:到底是谁踢碎了赵叔叔家的玻璃呢?

参考答案

小军干的。

# 天使与魔鬼

一支商队正在横穿一个沙漠,要到沙漠另一头的一个国家去做生意。走了七天七夜,他们所带的淡水全部用完了。他们知道在沙漠的一个地方有一块绿洲。于是,队长派人分头去找。可不知为什么,回来的人报告说都没找到。队长突然想起来一个传说:在绿洲旁边,住着一群小天使,他们负责守护绿洲。然而,沙漠里还住着一个魔鬼,他经常会和天使斗争,把绿洲变到别的地方。天使经常会变化成美女,帮助人们。魔

鬼也会变化成美女，而且可以变化成很多美女，欺骗人们。

正在大家无可奈何之时，他们的眼前突然并排出现了 3 个美女。没有人能看出他们谁是天使，谁是魔鬼，只能通过他们的话判断。

甲说："在乙和丙之间，至少有一个是天使。"

乙说："在丙和甲之间，至少有一个是魔鬼。"

丙说："我告诉你们正确的消息吧。"

**判断：**她们之中至少有几个天使？

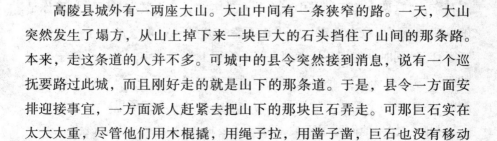 **参考答案**

假设甲是魔鬼，那么可以推断她们几个都是魔鬼；乙是魔鬼的同时又说了实话，相互矛盾。所以甲是天使。假设乙是天使的话，丙就成了魔鬼；相反，假设乙是魔鬼的话，丙就是天使。所以，无论怎样，她们之中至少有两个天使。

# 挡道的巨石

高陵县城外有一两座大山。大山中间有一条狭窄的路。一天，大山突然发生了塌方，从山上掉下来一块巨大的石头挡住了山间的那条路。本来，走这条道的人并不多。可城中的县令突然接到消息，说有一个巡抚要路过此城，而且刚好走的就是山下的那条道。于是，县令一方面安排迎接事宜，一方面派人赶紧去把山下的那块巨石弄走。可那巨石实在太大太重，尽管他们用木棍撬，用绳子拉，用凿子凿，巨石也没有移动一点点。重要的是：巡抚很快就要到了。这可怎么办呢？

正在大家着急的时候，走过来一个和尚。因为他也想过去，所以就在旁边等着。看到那些人累得不行，石头还没移动一点点，于是对他们

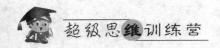

说："照你们这个方法，我几时才能过去啊？"

搬石头的人一听，都不高兴了："什么？你以为我们是给你移呢！告诉你，有个巡抚要来城里，偏偏选择了这条路，我们是奉令把石头移走呢。可是这石头这么大，眼看巡抚大人就要来了，你不帮我们也就算了，还在那说风凉话！"

"哈哈……"和尚居然大笑起来，"可是你们这么移也不是办法啊！我有一个法子，可以很快让石头消失。你们不妨试一试。"

大家将信将疑，但是，按照和尚的办法，果然成功了。

**判断**：和尚说的是什么法子呢？

在石头旁挖个坑，把石头埋进去。

# 珠宝与毒气

两个探险家在一个山洞里发现了两个箱子和一块木板。木板上刻有一行字："这两个箱子，其中一个装有珠宝，另一个装有毒气。如果你足够聪明，就可以取走珠宝；如果你不幸打开了装有毒气的箱子，那你必死无疑。"同时，他们还注意到，每个箱子上都刻有字。第一个箱子上刻的是："另一个箱子上的话是真的，珠宝在这个箱子里。"第二个箱子上刻的是："另一个箱子上的话是假的，珠宝在另一个箱子里。"

**判断**：如果他们要想不被毒死，还要取走珠宝，他们应该打开哪个箱子呢？

**参考答案**

他们应该打开第二个箱子。第一个箱子上的话是假的，如果它是真的，那么，第二个箱子的话也是真的，这是矛盾的。

# 孙女是干什么的

震惊中外的四川汶川地震，造成了巨大的人员伤亡和财产损失。幸存的人们非常牵挂在灾区的亲朋好友。由于通讯一度中断，亲人的安危更是让人心急如焚。有位老大爷抱着一台收音机，随时随地关注灾情报道和寻人启事。有人问他："收音机里播放过你孙女的消息吗？"老大爷说："没有。不过我知道，她肯定没事。"

**判断：** 老大爷为什么这样肯定？

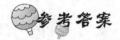
**参考答案**

他的孙女就是电台里的那个播音员。

# 谁加了薪水

新年过后，上班的第一天，公司里便传出要给部分员工加薪的消息。

小王说："如果给我加薪的话，也会给小朱加薪。"

小朱说："如果给我加薪的话，也会给小张加薪。"

小张说："如果给我加薪的话，也会给小徐加薪。"

出乎意料的判断

等到通知公布的那一天，他们发现他们之中有两个人加了薪，但他们说的却都是对的。

**判断：**他们之中，谁加了薪？

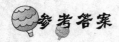参考答案

小张和小徐。

# 王先生的汽车

有家汽车制造厂，该厂生产的小轿车全都安装了驾驶员安全气囊；

在安装驾驶员安全气囊的小轿车中，有一半安装了乘客安全气囊；安装乘客安全气囊的小轿车，同时也安装有安全杠和防碎玻璃。王先生刚刚购买了一辆该厂生产的小轿车，而且是装有防碎玻璃的。

**判断**：下面哪句说法一定正确？

A. 这辆车一定装有安全杠。

B. 这辆车一定装有乘客安全气囊。

C. 这辆车一定装有驾驶员安全气囊。

参考答案

C。A 和 B 不一定正确。

# 在山脚下野炊

有兄弟四人一起去野炊。他们来到一个山脚下，旁边有清澈的小溪。于是，他们支起锅灶，准备做饭。他们分工明确，各行其是，一个取水，一个烧水，一个洗菜，一个淘米。但是，老大不挑水也不淘米；老二不洗菜也不挑水；如果老大不洗菜，那么老四就不挑水；老三既不挑水也不淘米。

**判断**：他们应该各自做什么呢？

参考答案

老大洗菜，老二淘米，老三烧水，老四挑水。

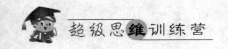

# 经理的行程

王经理下个星期的主要活动有：去税务所，去医院看牙医李大夫，带儿子参观博物馆，还要去电视台录广告。他的秘书提醒他：税务所是星期六休息，李大夫每逢周二、五、六坐诊，博物馆在周一、三、五开放，电视台广告部在星期三是休息的。

**判断：**如果这些事可以在一天内完成，王经理应该选择星期几呢？

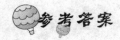

星期五。

# 作伪证

某小区一家住户的钱财被盗了。警方根据周密排查，最后确定了 A、B 两个犯罪嫌疑人。同时，有 4 个人向警方提供了证词。

证人张先生说："我和 A 认识多年了，他肯定是清白的。"

第二位证人李先生说："B 为人光明磊落，他不可能犯罪。"

第三位证人赵师傅说："张先生和李先生的证词中，至少有一个是真的。"

最后一位证人王太太说："我敢肯定赵师傅的证词是假的。至于他有什么目的，我就不清楚了。"

然而，警察经过调查证实，除了王太太，其他人作的都是伪证。

**判断：**盗窃犯究竟是谁？

 **参考答案**

因为王太太说了真话，由此可以推断赵师傅作了伪证，再进一步推断张先生和李先生说的也都是假话，从而可以判定 A 和 B 都是盗窃犯。

# 生日礼物

小兰的生日到了，妈妈给她买了一条漂亮的裙子作为生日礼物。为了考验一下小兰，妈妈故意准备了两个一模一样的纸盒子，并在纸盒子上贴了两张纸条。A 盒子上的纸条写着"B 盒没说谎，礼物在 A 盒"，B 盒上的纸条写着"A 盒在说谎，礼物在 A 盒"。

**判断**：小兰的礼物究竟在哪个盒子里呢？

 **参考答案**

无论 A 盒子上的纸条是真是假，B 盒子上的纸条的话都前后矛盾，所以，B 盒子上的话是假话，礼物在 B 盒。

## 瓶子分别装的是什么饮品

桌子上有 4 个一模一样的瓶子，而且不透明。瓶里面分别装着红酒、啤酒、可乐和果汁。瓶子上都贴着一张标签。

甲瓶：乙是红酒。

乙瓶：丙不是红酒。

丙瓶：丁是可乐。

丁瓶：最后贴上。

但是，除了装有果汁的瓶子上的标签是假的，其他的瓶子上的标签都是真的。

**判断**：4 个瓶里各装的什么？

甲瓶装的是可乐，乙瓶装的是红酒，丙瓶装的是果汁，丁瓶装的是啤酒。

# 钻石神秘失踪

大富翁洛克菲勒刚刚买了一颗大钻石。为了让他的朋友们也能欣赏到这颗钻石，他把这颗钻石放在单独一个房间里；同时为了安全起见，他还特意做了一个玻璃容器，容器的口很小，刚好可以把钻石放进去。玻璃是防弹的。容器的底部连接着报警器，只要有人移动容器，报警器就会发出巨大的响声。

这天晚上，洛克菲勒从外出差回来，急不可待地去看他的钻石。可当他推开那间房门，吃惊地发现钻石竟然不翼而飞了。玻璃容器完好无损。他立刻叫来管家、保安和清洁工。保安说："这几天，没有客人来。"3 个人都表示没有听到报警声。管家说："清洁工每天会清除各个房间的灰尘。我和保安每天都会查看一遍钻石。"

**判断**：你认为最有可能是谁偷的呢？

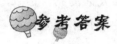

清洁工，他利用吸尘器把钻石吸出来偷走的，因为没有移动玻璃瓶，所以报警器没有响。

# 哥哥的特异功能

有兄弟两个，哥哥每天要把弟弟哄睡，而调皮的弟弟经常会装睡。但是，每次弟弟装睡时，他都会听到哥哥说："弟弟，不要装睡了，我知道你还醒着呢。"这个时候，弟弟就会睁开眼睛，吃惊地问哥哥："哥哥，为什么你每次都知道我在装睡呢?"哥哥开玩笑地说："因为我有特异功能啊!"

**判断：**哥哥的"特异功能"究竟是什么呢?

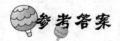参考答案

哥哥在弟弟睡觉的时候，都会说那样一句话。如果弟弟真的睡着了，他自然听不到；可他如果是装睡，自然能听到哥哥说的那句话，所以会认为哥哥的话很准。

# 小狗被驯服

白小姐嫁了个好老公，结婚以后，她就在家当全职太太。丈夫怕她空虚，就给她买了一只宠物狗。白小姐非常喜欢这只狗，总想把它训练

出乎意料的判断

成一只能听懂人话的狗。但几个月下来，效果并不明显。她的丈夫知道后，便对他说："过几天，我去美国出差，要待好几个月。我有一个美国朋友，是一个驯兽师。要不，我把这只狗带给他，让他帮你驯吧！"白小姐高兴地同意了。

丈夫回国前，给白小姐打了个电话，说小狗已经被他的朋友驯得非常听话了，后天他就回国了，到家一定会给她个惊喜的。白小姐激动万分，满怀期待着——期待老公，更期待小狗。

丈夫一到家，白小姐就迫不及待地要看看小狗的精彩表演。但是，无论白小姐对小狗说什么话，小狗只会看着她，最多"汪汪"叫几声，根本不像丈夫说的那么听话。

**判断**：这到底是怎么回事呢？

🎈参考答案

小狗在美国，接受的都是英语训练，现在，当然听不懂白小姐的汉语了。

# 躲避老虎的好地方

动物园里，由于饲养员的一时疏忽，一只大老虎逃出了笼子。出了笼的老虎更加凶残，只要是活物，它见着就咬。动物园一方面迅速封锁了动物园，并通知园内的所有人员赶紧躲避好，一方面打电话请求帮助捕捉老虎。当大家都在着急寻找好的避难所时，饲养老虎的饲养员却不慌不忙地躲进了一个他认为非常安全的地方。

**判断：**你知道他躲在哪儿吗？

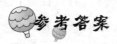

**参考答案**

他躲进了关那只老虎的笼子里。既然老虎逃出了笼子，它就不愿意再回到笼子里了。

# 比赛吃梨

三年一班正在举行一场特殊的比赛——比赛吃梨。男生推选大国，因为他最胖。女生推选小惠，因为她最聪明。老师给他俩准备了 5 只一样大小的梨。要求：每人每次最多只能拿两个梨，可以同时吃；只有把拿的梨吃完了才可以再拿；谁吃的梨多，就算谁赢。

老师一声令下，大国一手拿了一只梨迅速地啃起来，小惠却只拿了一只梨吃起来。

**判断：**最后谁赢了？

出乎意料的判断

— 87 —

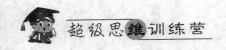

参考答案

小惠赢了。虽然她吃得比大国慢，但是，当她吃完一个梨时，大国还没有吃完手中的两个梨。因此，小惠可以拿起最后的两只梨一起吃。她总共吃了3只，大国只吃了两只。所以当然是小惠赢了。

# 谁会第一个到家

小光、小飞和小利是好朋友，他们在同一家公司上班，而且住在同一个小区里。有一天公司加班，他们三人很晚才回家。他们一起来到公交站台等车。可以肯定，只剩最后一班车了。可是，左等不来，右等不来。他们几乎望眼欲穿了。小光实在等不及了，于是说："我要往前走了。与其在这儿等，我都走到下一站了。"

小飞说："我也不在这儿等了。我要走到上一站去，说不定公交车正在那呢。"

小利说："你们都走吧，我就在这儿等。"

**判断：**他们三人谁能最先到家呢？

参考答案

因为只剩一班车了，如果他们三人都坐上的话，自然是同时到家了。

# 游览古镇的时间

在一个著名的古镇中，有一家非常有名的餐厅、一家百货商店和一家蛋糕店。这3家店还有个特殊的约定：（1）一星期中没有一天餐厅、百货商店和蛋糕店全都开门营业；（2）百货商店每星期开门营业4天，餐厅每星期开门营业5天；（3）星期日和星期三这3家店都关门休息。同时，你还会发现：在连续的3天中，如果第一天百货商场关门休息，那么，第二天蛋糕店关门休息，第三天餐厅关门休息；如果第一天蛋糕店关门休息，那么第二天餐厅关门休息，第三天百货商店关门休息。

小丽一家到古镇游览的当天，蛋糕店正好是开门营业的。

**判断：** 小丽到古镇的当天是星期几？

 **参考答案**

根据3个商店的特点，除了星期三和星期日3个店都不开业外，百货商店在星期一不开业，蛋糕店只在星期一开业。所以，小丽是星期一到的古镇。

# 该选哪个占卜师

皮特最近运气很差，他决定去找个占卜师占卜一下。这天，他同时碰到两个占卜师。A占卜师说："我的准确率有60%。" B占卜师说："我的准确率只有20%。"

**判断：** 知道皮特最后让哪个占卜师占卜吗？

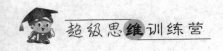

参考答案

让 B 占卜师占卜，因为如果把 B 占卜师的话反听，那么准确率就会达到 80%，超过 A 占卜师的准确率。

# 仓库里的枪战

港口的一间旧仓库里，躲藏着两名恐怖分子。巡逻的艾迪警官接到密报后，单枪匹马前往仓库搜捕，结果上演了一场激烈的枪战。

第二天，艾迪的同事问他："你抓住了那两名恐怖分子吗？"

"不，没有那么顺利……"

"那么，你让他们逃走了？"

"当然不是。"

"莫非都被你打死了？"

"也不是。"

**判断：**在旧仓库里，艾迪警官和两名恐怖分子到底发生了什么事？

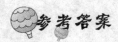参考答案

艾迪警官逮捕了一名恐怖分子，而让另一名恐怖分子逃跑了。因此，艾迪警官并没有让两名恐怖分子都逃走，也没有把他们二人都逮住。

# 小球是什么颜色

有 5 个一样的盒子，里面分别装有红、绿、黑、黄、蓝五种颜色的小球。现在有甲、乙、丙、丁、戊 5 个小朋友来猜，猜对者有奖。

甲说："第二盒蓝色，第三盒黑色。"

乙说："第二盒绿色，第四盒红色。"

丙说："第一盒红色，第五盒黄色。"

丁说："第三盒绿色，第四盒黄色。"

戊说："第二盒黑色，第五盒蓝色。"

结果，5 个人都猜对了一盒，且每人猜对的颜色都不同。

**判断：**每盒都装了什么颜色的小球？

参考答案

假设甲猜第二盒是蓝色的是正确的，那第三盒就不是黑色的。乙猜第二盒是绿色的就是错误的，那第四盒就是红色的。这样丙猜第一盒是红色的错误，那第五盒就是黄色的。那么戊猜第五盒是蓝色的就是错误的，第二盒应是黑色的。这与假设相矛盾，可见甲猜第二盒是蓝色的是错误的，那么第三盒应是黑色的。由此可推断出第一盒是红色的，第二

盒是绿色的，第三盒是黑色的，第四盒是黄色的，第五盒是蓝色的。

# 花园里的小朋友

3 个小朋友在花园里玩耍，由于天气炎热，不久他们就感到疲倦了，于是就在花园里的一棵梧桐树下躺着休息一会儿，结果都睡着了。在他们睡觉的时候，一个爱开玩笑的小孩用炭涂黑了他们的前额。3 个人醒来时，发现其他两人额上的炭黑，不禁觉得好笑，而且都笑出声来。但 3 个人都以为是其他两人在相互取笑，而没有想过自己的额头也被涂黑。突然其中的一个小朋友不笑了，因为他知道自己的前额也给涂黑了。

**判断**：他是怎么觉察到的？

假设 3 个小朋友分别是 A、B、C，发觉自己的额头也给涂黑的是 A。A 是这样想的："我们之中每个人都认为自己的脸是干净的。B 是认为自己的脸是干净的，所以笑 C 的额上给涂黑了。但如果 B 看到我的脸是干净的，那么 B 对 C 的发笑就会感到奇怪，因为在这种情况下，C 没有可笑的理由。然而现在 B 没有感觉到奇怪，这就是说，他认为 C 在笑我。由此可知，我的脸也被涂黑了。"

# 哪位贵妇会去擦脸

从火车发明以来，经历了无数次变革，已经进入了高速列车时代。由于火车最初发明时是要烧煤的，经常会从烟囱里冒出火来，所以被人

— 92 —

们形象地称为"火车"。

在一列由伦敦开往伯明翰的火车里，有两位贵妇人相对而坐。窗外风景美丽，从窗户吹进来的风更是让她们十分惬意。火车经过一条隧道。短暂的黑暗之后，又迎来了光明。这时，其中一位贵妇人的脸被煤烟弄脏了，另一位则没有。两个贵妇人都是十分爱干净的，如果知道自己的脸上有脏，一定会去卫生间擦洗的。

**判断：** 结果是哪位贵妇人去卫生间洗脸了呢？

是那位没被煤烟弄脏的贵妇人。因为看见对方的脸被弄脏，以为自己的脸也被弄脏，所以才去洗脸；而看见对方的脸是干净的，以为自己的脸也是干净的，所以就没去洗脸。

# 一场拔河比赛

幼儿园某班举行了3场拔河比赛。比赛的结果如下：

第一场：徐老师为一方，两个男孩和3个女孩为另一方进行比赛，徐老师输了；

第二场：洪老师为一方，一个男孩和4个女孩为另一方进行比赛，洪老师赢了；

第三场：徐老师加一个男孩为一方，洪老师加3个女孩子为另一方进行比赛，徐老师的一方赢了。

假设每个男孩的力气一样大，每个女孩的气力也一样大。

**判断：** 洪老师加两个男孩与徐老师加三个女孩进行拔河比赛，哪一方会赢？

出乎意料的判断

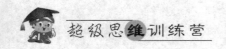

设徐老师为A，洪老师为B，男孩为C，女孩为D。由3场比赛可知：

A < 2C + 3D     ①

B > C + 4D     ②

A + C > B + 3D     ③

只要比较 B + 2C 和 A + 3D 关系就可以了。

由②③可知，A > 7D

代入①可得 C > 2D

所以 B + 2C > 3C + 4D > A + C + D > A + 3D，即洪老师一方会赢。

# 夫妻和智者

有一对夫妻，平时特别喜欢和人打赌。一天，他们遇到一位智者，三人在一起猜测明日的天气，并愿意为之打赌。

丈夫对智者说："如果明天不下雨，我给你200元；如果明天下雨，你给我100元。"因为丈夫觉得明天下雨的可能性更大。

妻子却不认同丈夫的观点。她觉得明天下雨的可能性小。于是，妻子对智者说："如果明天下雨，我给你200元；如果明天不下雨，你给我100元。"

**判断**：智者愿意和他们打这场赌吗？

假设明天下雨，智者输100元给丈夫，却可以从妻子那里赢得200

元, 最终得100元。假设明天不下雨, 智者从丈夫那里赢得200元, 输100元给妻子, 最终也可获得100元。无论下不下雨, 如果智者愿意, 都可以获得100元, 何乐而不为呢?

# 巴斯特教授出考题

剑桥大学的巴斯特教授曾出过这样一道题来考他的学生:

(1) 教室里标有日期的信都是用粉色信纸写的;

(2) 丽萨写的信都是以"亲爱的"开头的;

(3) 除了约翰外没有人用黑墨水写信;

(4) 皮特没有收藏他能看到的信;

(5) 只有一页信纸的信中, 都标明了日期;

(6) 做了标志的信都是用黑墨水写的;

(7) 用粉色信纸写的信都收藏起来了;

(8) 一页以上的信纸的信中, 没有一封是做了标记的;

(9) 约翰没有写过以"亲爱的"开头的信。

**判断**: 皮特能否看到丽萨写的信?

参考答案

不能。由 (1) 知: 标有日期的信一律用粉色信纸写的; 由 (2) 知: 丽萨写的信以"亲爱的"开头; 由 (3) 知: 不是约翰写的信不用黑墨水; 由 (4) 知: 收藏的信看不到; 由 (5) 知: 只有一页信纸的信标明了日期; 由 (6) 知: 不是用黑墨水写的信没作标记; 由 (7) 知: 用粉色纸写的信都被收藏了; 由 (8) 知: 做了标记的信只有一页信纸; 由 (9) 知: 约翰的信不以"亲爱的"开头。那么: 丽萨写的信——不是约翰写的信——不是用黑墨水写的——做了标记——只有一页信纸——标明了日期——用粉色写的——收藏起来了，所以皮特看不到丽萨写的信。

# 狐狸的午餐

笨笨熊开了一家餐馆，很多动物都来光顾。这天，狐狸来吃午饭。它点了一份麻辣面。不一会儿，笨笨熊就把一碗热腾腾的面放到狐狸面前。狐狸尝了一口，感到太辣了，根本没法吃，于是要求笨笨熊给换一碗西红柿鸡蛋面。笨笨熊没多说什么，很快就给狐狸换了一碗西红柿鸡蛋面。狐狸一闻，又对笨笨熊说："你怎么可以用坏鸡蛋给我做呢？你闻闻，鸡蛋都臭了！"笨笨熊闻了闻说："好像没有吧？"狐狸生气地说："我第一次来你这儿吃饭，你居然是这种态度，那我以后肯定不会来了。"笨笨熊没办法，只好又给狐狸换了一碗担担面。这下，狐狸总算没再说什么，有滋有味地将面吃完了，还大加赞赏。

狐狸吃完面后，大摇大摆地走出餐馆。笨笨熊看见了，立马追上去拦住说："你怎么吃完面不给钱就走了？"

狐狸说："什么面？"

"担担面啊！怎么这回你竟然不承认了？"笨笨熊气愤

地说。

"担担面啊，那不是我用西红柿鸡蛋面换的吗？"狐狸说。

"可你也没给西红柿鸡蛋面的钱啊！"笨笨熊着急地说。

"对啊，西红柿鸡蛋面我没有吃啊，是我用麻辣面换的啊！"狐狸解释道。

"那麻辣面你也没给钱啊！"笨笨熊怒道。

"麻辣面我不是退给你了吗？我并没有吃啊！我还付什么钱啊？"狐狸镇定自若地说。

笨笨熊摸摸自己的脑袋，觉得好像是这么回事，于是让狐狸走了。

**判断**：错误到底出在哪儿呢？

参考答案

狐狸不是把麻辣面退了，而是换成最终的担担面了。

# 考古学家寻找出口

一个考古学家带着他的几名学生去大山里考古。由于道路不熟，加上路崎岖不平，结果，他们跌落到一个洞穴中。还好，人都安然无恙。但是，想再爬上洞口，可就没那么容易了。幸运的是，洞穴中居然还有3个洞口。是否有洞口通往出口呢？

在第一个洞口旁刻着"这个洞口通往出口"。第二个洞口旁刻着"这个洞口不通向出口"。第三个洞口旁刻着"另外两个洞口旁的话，一句是真的，一句是假的"。

**判断**：如果第三个洞口旁的话是真的，那么他们应该选择哪个洞口出去呢？

　　假设第一个洞口是通往出口的，就会出现第一、二洞口旁的话都对的现象，显然不对。假设第二个洞口是通往出口的，就会出现第一、二洞口旁的话都错的现象，显然也不对。所以第三个洞口才是通往出口的。

# 兄弟与姐妹

　　有一家，共有兄弟姐妹七人，把他们分别标上 A、B、C、D、E、F、G，则：
　　（1）A 有 3 个妹妹；
　　（2）B 有 1 个哥哥；
　　（3）C 是女性，她有两个妹妹；
　　（4）D 有两个弟弟；
　　（5）E 有两个姐姐；
　　（6）F 也是女性，但她和 G 没有妹妹。
　　**判断**：这兄弟姐妹七人中，共有几个男性、几个女性？

　　A、B、E、G 为男性；C、D、F 为女性。

# 谁在说谎

有 3 个犯罪嫌疑人对同一件案件进行辩解，其中有人说谎，有人说真话。

警察最后一次问甲："乙在说谎吗？"甲回答说："不，乙没有说谎。"

警察问乙："丙在说谎吗？"乙回答说："是的，丙在说谎。"

警察又问丙："甲在说谎吗？"

**判断：**丙会怎么回答呢？

参考答案

如果甲说的是真话，那么，乙说的也是真话：因为乙回答："丙在说谎。"所以，是丙在说谎。说谎的丙肯定说谎话："甲在说谎。"如果甲所说的话是谎话，那么乙也在说谎，因为乙回答说："丙在说谎。"所以，丙是诚实的，诚实的丙应该回答："甲在说谎。"可见，无论在哪种情况下丙都会回答："甲在说谎。"

# 流亡的国王

某国发生政变。国王带着妻子儿女秘密逃往外地。当他们乘上飞机，飞离国家上空时，国王终于松了一口气。他对儿女们说："谢天谢地！我们总算逃出来了。这次我要带你们去一个非常安全的地方。那些反叛者一定不会找到我们的。这个地方目前只有我一个人知道。相信到时，你

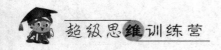

们也一定很惊讶的。"

"不，父王，一定还有人知道我们的去处。"国王的一个儿子说。

国王听了，大吃一惊。但他很快就明白了儿子的意思。"对，确实还有。"

**判断：**那个人是谁呢？

参考答案

飞机的驾驶员。

# 通缉告示

某小区的一个宣传栏里还贴着一张一年前发生的一起盗窃案中一名犯罪嫌疑人的通缉告示，上面有通缉犯的姓名、照片、身高、年龄等资料。有一个人看了这张告示说："这里面有一项信息不可靠。"那个人不是通缉犯本人，也根本不认识通缉犯。

**判断：**他指的哪项信息不可靠呢？

参考答案

身高。因为通缉犯是个少年，经过一年，他极有可能已经长高很多了。

# 女明星的死因

一个刚刚走红的电影女明星，一天清晨却被人发现死在自己的别墅里。接到报案后，亨特警官带领两名警员迅速赶到现场。

女明星全身裹着羊毛毯，右边太阳穴处有一个弹孔。在床边的梳妆台的镜子上有一句用口红写的话："我痛恨娱乐界。"这似乎是女明星生前的遗言。一个警员说："最近我经常在一家娱乐报上看到关于她的隐私的报道。我想，她一定是因为这个自杀的。"

"不，她绝不会是自杀的。"亨特警官说。

**判断**：亨特警官是如何判断的呢？

参考答案

如果是自杀，而且一枪毙命，那么她是不可能全身被羊毛毯裹着的。一定是被人杀死后再用羊毛毯卷起来的。

# 银子被调包

古时候有一个小商贩，因为聪明能干，挣了不少钱。有一天，他要出门谈一笔生意，怕银子放在家中不安全，于是就把银子装到一个菜坛子里想寄存在邻居家，并对邻居说："我要出门几天。我这有一坛枣，想放在你家几天。等我回来时，再来你家取。"邻居愉快地答应了。

可是，小商贩一去，竟然好几年没回来。直到第四年，他才回来到邻居家取菜坛子。小商贩打开菜坛子一看，就说邻居偷了他的东西，并

拉着去官府。二人来到县衙，县令升堂断案。

小商贩说："大人，4年前，我交给他一个坛子，里面装的是银子，请他保管。但是，今天我去取时，却没有了银子。我想，一定是他拿的。"

邻居说："大人，他在撒谎。他交给我时明明说里面装的是枣。现在，坛子里装的还是枣。他分明是在诬陷我。"

县令听完他们的陈述，又看了一眼坛子里的枣，并断定是邻居在撒谎。

**判断：** 县令是如何知道的呢？

**参考答案**

如果真是枣，过了4年，也早烂了。而坛子里的枣却还是新鲜的，所以县令判断邻居在撒谎。

# 无处可逃的肇事者

一位老大娘被一辆飞驰的摩托车撞倒在地，流了一摊血，伤势严重。恰好，交警很快赶来。但肇事者已逃之夭夭。交警发现老大娘流的那一摊血上有肇事者摩托车碾过的痕迹，附近也没有岔路，于是赶紧用对讲机和下一个路口的交警通了话，让他拦下所有骑摩托车路过的人。交警把将大娘送往医院后，便赶往下一个路口。

几个小时前，这里下过一场大雨，现在雨过天晴了，但是仍有一小段路十分泥泞。交警走过这段泥泞的路，赶到下一个路口时，已有 10 多辆摩托车被拦在那里了。交警仔细查看了这些车，很快指出了肇事者。

**判断**：交警是如何找出肇事者的呢？

**参考答案**

从出事现场到下一个路口，必须经过那段泥泞的路。肇事者害怕留下证据，就把车轮洗得干干净净，恰恰因为这样露出了马脚。

# 各有所长

教室里，4 名学生正在谈论各自的兴趣爱好。一个男生说："小芳喜欢唱歌。"另一个男生说："我喜欢篮球，但我不是小华。"一个女生说："咱们之中有一个男生喜欢足球，但不是小军。"另一个女生说："小兰喜欢画画，但我不喜欢。"

**判断**：他们分别喜欢什么？

**参考答案**

小华喜欢足球，小军喜欢篮球，小兰喜欢画画，小芳喜欢唱歌。

# 住在外婆家的小丽

暑假的时候，小丽去外婆家住了几天。小丽过得很愉快，只是这几天的天气时晴时雨，根据小丽的记录，总结起来是这样的：

（1）上午或下午下雨的情况共有 7 次；

（2）凡是下午下雨的那天上午都是晴天；

（3）共有 5 个下午是晴天；

（4）共有 6 个上午是晴天。

**判断：**小丽在外婆家一共住了几天？

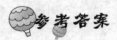参考答案

可以先根据情况判断出下午下雨的次数是 4 次，上午下雨的次数是 3 次；而下午下雨的那天上午都是晴天，因此有两天全天都是晴天。所以，小丽总共在外婆家住了 9 天。

# 有趣的站队

有 A、B、C、D、E、F 6 个人站成一个纵队，而且：

（1）C 在 E 的前面；

（2）A 在 F 的后面；

（3）E 不在第五位；

（4）D 和 A 之间隔着两个人；

（5）B 在 E 的后面，且紧挨着 E。

**判断：** 站在第四位的是谁？

参考答案

如果 F 排在 E 后面的话，那顺序就是 CEBFA，这样（4）（5）的情况就无法同时满足，所以 F 肯定是在 E 的前面，这样 BCEF 4 个人的顺序是 CFEB 或者 FCEB；因为 E 不是第五位，所以 A 和 D 不能都在 E 前面，二人也不能都在 B 的后面，所以 6 个人的顺序是 CFAEBD 或者 FCDEBA。无论哪种组合，站在第四位的都是 E。

# 他们分别是哪个国家的

北京语言大学有很多来自其他国家的留学生。妠妠、娜娜和拉拉是 3 名刚来到中国留学的外国留学生。她们一个是法国人，一个是日本人，一个是美国人。开学后没多久，同学们就发现：

（1）妠妠不喜欢吃面条，拉拉不喜欢吃饺子；

（2）喜欢吃面条的不是法国人；

（3）喜欢吃饺子的是日本人；

（4）娜娜不是美国人。

**判断：** 这 3 名外国留学生分别来自哪个国家？

参考答案

妠妠不喜欢吃面条，那么喜欢吃面条的只有拉拉和娜娜；喜欢吃面条的不是法国人，那么拉拉和娜娜就只能是日本人和美国人了；娜娜不是美国人，因此娜娜只能是日本人，拉拉就是美国人了。所以，妠妠是

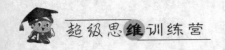 

法国人，娜娜是日本人，拉拉是美国人。

# 他们分别会说哪种语言

来自英国、法国、日本和德国的甲、乙、丙、丁四人来中国旅游，他们刚好住在同一家宾馆。早上吃饭的时候，四人刚好坐在同一张桌子上。四人都很善言谈。他们除了会说一口流利的本国话，每人还会说其他三国语言中的一种。结果他们居然开心地聊了起来。有一种语言是三人都会说的，但没有一种语言人人都懂。同时还知道：

（1）甲是日本人，丁不会说日语，但他俩都能自由交谈；

（2）四人中，没有一个人既能用日语交谈，又能用法语交谈；

（3）乙、丙、丁交谈时，找不到共同语言沟通；

（4）乙不会说英语，当甲与丙交谈时，他可以做翻译。

**判断：他们4个人都会说哪种语言？**

## 参考答案

甲会说日语和德语，乙会说法语和德语，丙会说英语和法语，丁会说英语和德语。

# 总裁被害

美玲顿公司的总裁布朗被害了。警方迅速控制了总裁的3个秘书玛丽、琳达和莉莉，初步判断她们有重大作案嫌疑。

"玛丽不是从犯。""琳达不是主犯。""莉莉参与了这起谋杀案。"这是三人在接受审讯时的供词。

此案告破时，警方发现：这3个秘书，恰好一个是主犯，一个是从犯，另一个是毫不知情者。上面的供词中至

少有一句是毫不知情者说的，而且毫不知情者说的都是真话。

**判断**：谁是主犯，谁是从犯，谁毫不知情？

## 参考答案

如果第一、二句是假话，则玛丽就是从犯，琳达就是主犯，莉莉是毫不知情者，那么第三句就是假话。如果第一、三句是假话，则玛丽就是从犯，而莉莉是毫不知情者，琳达就是主犯了，这第二句也成为假话。如果第二、三句是假话，则琳达就是主犯，而莉莉是毫不知情者，那么玛丽就是从犯，这样第一句也成为假话。因此，毫不知情者作了两条证词。再进一步推测，如果毫不知情者作了第二和第三这两条供词。既然第二、三句是真的，那么第一句就是假的，可知玛丽是从犯，与前面的结论相矛盾，因此这是不可能的。依此类推，可以知道玛丽是主犯，琳达是从犯，莉莉是毫不知情者。

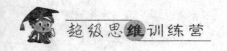

# 买巧克力的奥秘

小玲和小莉一起去买巧克力。售货员阿姨说:"白巧克力9角钱一颗,黑巧克力1元钱一颗。"小莉说要买一颗白巧克力,并将一元钱放在了柜台上。售货员很快给小莉拿了一颗白巧克力并找给1角钱。这时小玲也把一元钱放在柜台上,对售货员阿姨说:"给我一颗巧克力。"售货员阿姨直接给了她一颗黑巧克力。之后,两人便高兴地离开了。

**判断:** 售货员怎么知道小玲要的是黑巧克力?

小玲已经知道价格了,她给的1元钱是一张5角钱、两张2角钱和一张1角钱。售货员一看,自然明白小玲要买的是黑巧克力。

# 森林里的松鼠

森林里的一棵大树的树洞里住着一窝松鼠,它们是一家,一共有10只。公鼠遇到陌生动物时总是说假话。而母鼠总是说真话。

这天,一只斑鸠落在了这窝松鼠的家门口。斑鸠很爱说话,看到这些松鼠并问道:"你们家一共有多少只公鼠啊?"

第一只松鼠说:"只有1只公鼠。"

第二只松鼠说:"有两只公鼠。"

第三只松鼠说:"有3只公鼠。"

第四只松鼠说:"有4只公鼠。"

第五只松鼠说："有 5 只公鼠。"

第六只松鼠说："有 6 只公鼠。"

第七只松鼠说："有 7 只公鼠。"

第八只松鼠说："有 8 只公鼠。"

第九只松鼠说："有 9 只公鼠。"

第十只松鼠说："有 10 只公鼠。"

**判断：**这窝松鼠中到底有几只公鼠呢?

## 参考答案

　　假设第一只松鼠是公鼠，则它回答的那句"只有 1 只公鼠"为假，那就肯定不止 1 只公鼠；如果第一只松鼠是母鼠，回答为真，那么有 9 只母鼠，这样其余的 9 只母鼠回答都应真，这样每一只的回答显然产生冲突。因此，第一只松鼠应是公鼠。依此类推，最后可得出：一共有 9 只公鼠，1 只母鼠，且第九只是母鼠。

# 黄河两岸的村落

　　黄河两岸有两个村落，一个叫白庄，一个叫黑庄。有意思的是，所有的白庄的人都穿白衣服，所有的黑庄的人都穿黑衣服。这两个村里没有既穿白衣服又穿黑衣服的人。赵大宝穿的是黑衣服。

**判断：**以下哪一句一定正确?

A. 赵大宝是黑庄人。

B. 赵大宝不是黑庄人。

C. 赵大宝是白庄人。

D. 赵大宝不是白庄人。

D。

# 受伤的骑马人

凯恩、法姆、戈登、大卫和娜娜都非常喜欢骑马。一天，他们5个人结伴到马场骑马。不幸的是，他们当中的一个人从马上摔下来受了伤。我们知道如下一些情况：

A. 凯恩是单身汉。

B. 受伤者的妻子是大卫妻子的妹妹。

C. 娜娜的女儿前几天生病住院了。

D. 法姆亲眼目睹了整个事故发生的过程，决定以后再也不骑马了。

E. 大卫的妻子没有外甥女，也没有侄女。

**判断：** 谁是受伤者？

参考答案

A和B提供的信息表明凯恩是单身、受伤者是有妻子的，所以凯恩没有受伤。根据D，法姆目睹了整个事故发生的经过，他还决定以后不再骑马了，所以法姆没有受伤。根据B，大卫的妻子不是受伤者的妻子，所以受伤者不是大卫。根据B、C、E，大卫的妻子是受伤者的妻子的姐姐，而她没有外甥女，也没有侄女，说明受伤者没有女儿，而娜娜有女儿，因此受伤者也不是娜娜。所以，戈登就是那位不幸的受伤者。

# 夫妻智力大比拼

桃花社区举行了一次夫妻智力比赛。决赛前一共要进行 4 次预赛。每次预赛中，各对夫妻都要出一名成员参赛。

第一次参赛的是：吴、孙、赵、李、王。

第二次参赛的是：郑、孙、吴、李、周。

第三次参赛的是：赵、张、吴、钱、郑。

第四次参赛的是：周、吴、孙、张、王。

此外，刘某因生病没能参加任何一次比赛。

**判断**：谁和谁是夫妻？

参考答案

4 次比赛，吴某参赛了 4 次，可以推断吴与刘是夫妻；孙某参赛 3 次，未参赛的一次由钱某代替，可以推断孙和钱是夫妻；同理可知，赵和周是夫妻、李和张是夫妻、王和郑是夫妻。

# 汤姆如何抉择

汤姆是一个聪明的小伙子。一天，他开车回家，突然下起大暴雨来。在路过一个公交车站的时候，他看到两个似乎熟悉的身影。他停下车，靠在路边，终于看清楚了那两个人：一个是曾救过他命的约翰医生，一个是他一直想追求的芭芭拉小姐。汤姆迅速撑开一把伞走到他们身边，打过招呼，就说要开车送他们回家。但是，约翰医生却指着旁边一个人

说："这个人心脏病犯了，必须马上送到医院救治。我刚刚打了急救电话，但是，车还没有来。如果再等下去，他的生命就有危险了。"

汤姆知道，最近的医院和芭芭拉小姐的家正好在相反的方向。芭芭拉小姐没有带雨伞，雨很大，又比较冷，她现在一定最想马上回到家里。但是，治病救人是医生的天职。再说，芭芭拉小姐也不可能爱上一个没有爱心的人。汤姆很快就想到了一个两全其美的办法。

**判断：** 汤姆是怎么做的？

参考答案

汤姆把车交给约翰医生，让他开车送病人去医院急救，自己则留下来陪芭芭拉小姐等公交车并送她到家。

# 猎人的智慧

从前，一个森林里住着一位猎人和他的 3 个儿子。在儿子们还小的时候，猎人就开始教他们打猎的本领。后来，3 个儿子都长大成人了，他们的打猎技术也越来越高超。

有一天，猎人对 3 个儿子说："你们的打猎技术已经很高了，我很高兴。但是，你们要想在这片森林里很好地生存，只会打猎是不行的，还必须有足够的智谋。你们跟我来。"

猎人把 3 个儿子带到一片开阔地。距他们百步之外竖着一根木桩，木桩上放着一盘苹果。猎人说："前面的盘子里有 3 个苹果。你们站在这里，用弓箭把它们全部射下来。但是，用的箭越少越好。"

论射箭，3 个儿子的技术不分上下，他们都可以百步穿杨。但是，现在父亲要他们用最少的箭，他们有些为难了。

老大没有多加思考，用 3 支箭精准地将盘子里的 3 个苹果射落到地上。猎人只夸他射得准，随后从苹果树上摘下 3 个苹果重新放到盘子里。

老二只用了两支箭就将盘里的苹果全部射到地上。猎人点了点头。又摘了 3 个苹果放到盘子里。

老三说："父亲，我只需要 1 支箭。"老大和老二都不相信。可结果，老三果然一箭就将盘子里的苹果都射落到地上。猎人终于露出了笑容。

**判断**：老三是怎么射的呢？

 参考答案

老三对准盘子，把盘子射翻在地，盘中的苹果自然也掉地上了。

# 比身高

甲、乙、丙、丁 4 个好朋友在一起聊天。其间，他们谈到了身高的问题。

甲说："我在咱们 4 个人中肯定是最高的。"

乙说:"我不可能是最矮的。"

丙说:"我虽然不比甲高,但我也不会是最矮的一个。"

丁说:"那恐怕我是最矮的了。"

随后,他们进行了测量,结果发现只有一人说错了。

**判断:** 他们4个人究竟谁高谁矮?

## 参考答案

丁不可能说错,否则没有人最矮;既然丁说的是对的,那么乙也是对的;甲说的不可能对,因为如果甲说得对,则丙也该对。于是最高者非乙莫属。由于甲说的话是错的,那么丙所说的便是对的。所以:乙最高,甲第二,丙第三,丁最矮。

# 谁最后回来的

大学某宿舍的4个室友共同规定:谁回来最晚谁关灯。有一天,回来最晚的人竟然忘记关灯了。第二天,宿舍的管理员找到他们问谁回来最晚。

小胡说:"我回来时,小秦刚要睡。"

小白说:"我回来时,小马已经睡着了。"

小秦说:"我回来时,小白正要上床睡觉。"

小马说:"我一回寝室就上床睡了,所以什么也不知道。"

事实上,4个人说的都是实话。

**判断:** 昨晚究竟谁最后一个回宿舍的?

小胡的话说明小胡比小秦回来得晚，小白的话说明小白比小马回来得晚，小秦的话说明小秦比小白回来得晚。所以，小胡是最后回宿舍的。

# 石碑是谁刻的

斩龙村的村头有一块石碑，上面刻着村的名字。村里有老张、老王、老李、老赵4个石匠。这4个石匠都爱在自己做成的石器上再刻几个字，但是老张和老王一向刻真话，而老李和老赵一向刻假话。村头的那块石碑上"斩龙村"3个大字就是他们其中一个人刻的。石碑的背面还刻有几个小字："此碑非老王所刻。"

**判断**：这个石碑到底是谁刻的呢？

参考答案

首先可以肯定不是老王刻的，因为他只刻真话，显然与"非老王所刻"矛盾。其次，这个石碑不会是老李和老赵刻的，因为要是那样的话，"此碑非老王所刻"就是一句真话，而他们是不刻真话的。所以，这个石碑是老张刻的。

# 抛币分梨

小松是家里的老大，他还有一个妹妹叫小芳，一个弟弟叫小兴。一

出乎意料的判断

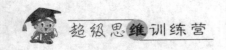 

天，妈妈对小松说："一会儿我要外出。家里还有4个梨，你和弟弟、妹妹一人一个。我不在家的时候，你不要欺负他们，知道吗？"小松答应了。

等妈妈走后，小松给弟弟、妹妹和自己一人洗了一个梨吃了。小兴吃完后，还想吃那最后一个梨。哥哥小松不让，弟弟就哭了起来。于是，小松说："要不我们抛硬币决定谁吃这最后一个梨吧。我拿出两个硬币同时抛，如果都是正面，梨就给小兴吃；如果都是背面，梨就给小芳吃；如果一正一反，梨就让我吃。好吗？"小兴和小芳都高兴地同意了。

**判断：** 这样公平吗？

**参考答案**

不公平。因为两面都为正或两面都为反的概率都是1/4，而一个正面一个反面的概率为1/2。所以，哥哥小松占了便宜。

# 审 讯

警察对3个犯罪嫌疑人同时进行审讯。他对A说："我最后问你一遍，究竟是不是你抢了那个女人的金项链？"

A还是叽里咕噜地说了一大堆，而且显得很激动。警察听不懂。看来他真是个外国人。警察又转向另外两个犯罪嫌疑人，问道："你们听懂他刚才在说什么吗？"

B说："警察先生，他好像在为自己辩护，说他没有抢劫。"

"不对，警察先生，他分明是已经招供了，他说就是他抢的项链，而且他还表示说他很后悔。"C立刻说道。

**判断：** 谁才是真正的罪犯？

**参考答案**

C 是抢劫犯。无论 A 是不是抢劫犯，他肯定是不会自己承认的；那么，B 说的是实话。C 为了嫁祸于 A 说了谎。

# 藏　鞋

一名登山者爱好独自去攀爬一座高山。在山下，他换上新买的一双非常贵的登山鞋，可没走两步，感觉鞋大了些，这样登山是比较危险的。于是他不得不又换上一双旧的登山鞋。为了减轻负担，他决定把鞋放在山下藏着。但他还是有些担心有人发现他的新登山鞋并捡了去。思考了一会儿，他想出一个办法，至少可以减少被人把那双新鞋捡走的概率。

**判断：**他是如何做的？

**参考答案**

他把新鞋藏在两个不同的地方。即使有人发现其中的一只，如果找不到另一只，他也会觉得没什么用。

出乎意料的判断

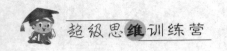

# 夫妻比赛跳舞

有这样 3 对夫妻参加了一次男女双人舞比赛：3 位丈夫穿的西装分别是红色、白色和黑色，3 位妻子的套裙也是这 3 种颜色，但每一对夫妻的着装都不同色。结果，其中的两对夫妻获得了并列第一名，这之中一位丈夫穿的是红色西服，一位妻子穿的是黑色套裙。

**判断：**穿黑色西装的那位丈夫的妻子穿的套裙是什么颜色的？

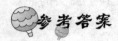

在获得并列第一名的两对夫妻中，一位丈夫穿红色，那么他妻子就不是穿红色，而且也不是穿黑色，因为另一对中的妻子穿的是黑色，因而只会是白色。同样道理，穿黑色套裙的那位妻子，她的丈夫穿的既非黑色，也非红色，只能是白色。所以，剩下的那对夫妻，丈夫穿黑色西装，妻子穿的是红色套装。

# 幽默大师遭遇强盗

卓别林是享誉世界的幽默大师。有一次，他下班很晚才回家。手里抱着一包东西，匆忙地走在昏暗的街道中。突然，前方跳出来一个大汉挡住了他的去路。卓别林明白，他一定是遇到强盗了。强盗很强壮，而且道路很狭窄，如果硬闯，他肯定是有生命危险的，只能想办法对付了。

强盗掏出一把左轮手枪，对准卓别林说："快把你手中的东西和身上的财物丢给我，否则我就打死你。"

卓别林说："我只是一个帮老板送货的伙计，身上没有一分钱。要不，我把这东西给你吧。"

强盗并不认识卓别林。他看了卓别林一会儿，觉得不像是说假话，于是说："好吧，你把手中的东西留下，我可以放你走。"

卓别林当然也不愿将手中的东西丢给强盗。于是，他把东西放在地上，又对强盗说："可是如果我就这样把东西给你，老板知道了一定会开除我的。要不这样吧，你在我的帽子上打两枪，回去我就跟老板说有人把东西抢去了。这样，我也好有个交代。"

强盗同意了。于是，卓别林把帽子摘下来，让强盗开枪打了两个洞。卓别林戴上帽子，接着又说："为了做得逼真点，你再往我的衣服上开两枪吧。"强盗没多想，拿枪在卓别林的衣服上打了两枪。卓别林抖了抖破了的衣服，说："这下更像了。不过，我的老板是一个非常小心的人，他不会轻易相信人的。我又是刚刚去他那上班。为了让他彻底相信我，求求你再往我的裤子上开两枪吧。"强盗有些不耐烦了。不过为了尽快得到东西，他还是照做了。

这下，卓别林捡起他的东西，快速地溜掉了。

**判断**：为什么这时卓别林敢跑了呢？

## 参考答案

一般左轮手枪里最多只能装 6 发子弹。卓别林已经让强盗的手枪里的子弹浪费光了。即使强盗还有子弹，那也得花一点时间装上。卓别林就是趁这个机会安全地逃脱了。

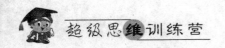

# 该怎样猜纸币

欢欢和豆豆做游戏。欢欢让豆豆把眼睛闭起来，然后在豆豆面前放了3张纸币。欢欢对豆豆说："你的面前现在有3种纸币，加起来总共是80元。从左到右，分别不是10元、20元和50元。"

**判断：** 欢欢放在豆豆面前的纸币各是多少面值的呢？

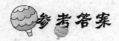

当然是10元、20元、50元的纸币了。因为欢欢说"从左到右，分别不是10元、20元和50元"，那么从左到右，有可能分别是20元、50元和10元其他加起来是80元的排列方式。

# 篮球比赛成绩

某校初三年级共有5个班。为了缓解学习压力，年级决定组织一次篮球循环赛，即每两个班级都要打一场比赛。最终的结果如下：

一班：2胜2负。

二班：0胜4负

三班：1胜3负

四班：4胜0负

**判断：** 五班的战绩如何？

每两个班级比赛一场，5 个班级，总共需要比赛 10 场，即有 10 场胜者 10 场负者。前面 4 个班级共产生了 7 次胜者和 9 次负者，那么五班肯定是 3 胜 1 负。

# 没有时间学习

小涛的学习成绩一直不太好，父母总是逼着他努力地学，但效果都不大。这天，妈妈又埋怨小涛数学成绩考得差。小涛实在忍不住了，和妈妈算一笔账说："你知道吗，我的时间太紧张了，以至于我根本没有多少学习的时间。你看，我每天要睡觉 8 个小时，这样一年光睡觉就占了 122 天。每星期休息两天，那么一年又要休息 104 天。寒假和暑假加起来又有 60 天。我每天吃饭要花 3 个小时，那么一年就需要 46 天。还有我每天从学校到家走路共需要 2 个小时，一年就得 30 天。你看看，这些加起来就有 362 天了。我一年只有 3 天的时间学习，怎么会有好成绩呢？"

**判断：** 小涛说得对吗？

当然不对。他重复计算了很多时间。

出乎意料的判断

# 谁是小强的哥哥

小强的哥哥有 4 个好朋友，他们 5 个人中要么是司机，要么是教师，而且有 3 个人的年龄小于 25 岁，两个人的年龄大于 25 岁。

（1）5 个人中有两个人是司机，有 3 个人是教师；

（2）甲和丙是同一年出生的，丁和戊的平均年龄正好是 25 岁；

（3）乙和戊的职业相同，丙和丁的职业不同；

（4）小强的哥哥是一位年龄大于 25 岁的司机。

**判断**：哪个是小强的哥哥？

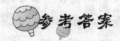参考答案

丁是小强的哥哥。

# 包公智擒纵火犯

包公刚到开封当府尹时，当地治安很差，甚至还有恶性案件发生。经过包公的治理，几年后，这里呈现出一派祥和的景象。老百姓对包公爱戴有加。但是，那些恶霸流氓却无处藏身，所以也就对包公无比痛恨，甚至伺机报复。

一天夜晚，一个集市两旁的商铺突然着了火。火越烧越大，不一会儿就成了熊熊大火，染红了半边天。幸好，有个打更的人发现了，于是，立马叫醒附近的百姓赶紧起来救火。消息很快也传到了开封府，正在休息的包公迅速起身，召集衙门内的人火速赶往现场。

当包公一行赶到火场时，已经围了很多人。许多人已经开始奋力扑火了。包公调动百姓，说赶快打水灭火。集市的两头各有一口水井，一口是甜水井，一口是咸水井。正当人们纷纷涌向水井去取水时，突然有人问道："是去打甜水井的水，还是去打咸水井的水啊？"

很快有一个人答道："当然是去打咸水井的水了。甜水井的水是可以喝的，咸水井的水是不可以喝的。如果把甜水井的水打完了，我们喝什么水啊！"

人们一听，便都向咸水井拥去。本来井就少，加上人又多，这一下，更是乱成了一锅粥。

包公思考片刻，对其中一个下属吩咐道："赶紧告诉人们两个井都可以取水。另外，赶紧找到刚才那两个说话的人。火灭了之后，给我带回到衙门。"

在包公的指挥下，这场大火最后终于被扑灭了。此时，天已经蒙蒙亮了。

回到府里，包公立刻升堂。那两个人还一直诉苦呢："大人，你凭什么抓我们？我们可没有犯法啊！"

包公一拍惊堂木，道："大胆！这场火就是你二人放的，还不从实招来！"

**判断**：包公为何断定火是他们放的呢？

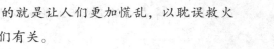

参考答案

救火本身就是急事，哪还能考虑什么甜水和咸水，最重要的是赶紧把火扑灭。那两个人说那些话，目的就是让人们更加慌乱，以耽误救火的时间。包公据此判断，大火与他们有关。

出乎意料的判断

# 接线员的智慧

半夜，120急救中心的电话铃又急切地响了起来。接线员小李迅速接起电话，一个老妇人微弱的声音传了进来："喂——我心脏病——犯——犯了，快来——救我。"

"您好，您能告诉我您现在的具体地址吗？"小李问道。

"不——知道，这是——我儿子家，我——刚来，不……"对方的声音更加微弱。

"那您身边有人吗？"小李焦急地问。

"没有，他们——都没在家。"电话中的人已经奄奄一息。

正当小李觉得快要无能为力的时候，她突然从电话中听到了汽车的喇叭声，于是问道："大娘，大娘，刚才是汽车的喇叭声吗？"

"是——家——靠马路，你们——快来啊！"老妇人说完这句话后便再无声息，电话中只能听到她沉重的喘气声。

小李集中生智，想出了一个好办法，最后成功地找到了老妇人。

**判断：**她想的是什么办法？

## 参考答案

首先，通过电话号码可以确定老妇人的大致区域。因为她住在马路边，于是医院派出好几辆救护车在这个区域的街道上行驶，并开着警笛。这样，当小李在电话里能听到警笛声时，就说明那个老妇人就在附近了。

# 古怪的书

一个准备竞选总统的人正在一个大广场上向人们高声宣讲着自己的政治观点，很多人被他慷慨激昂的演说吸引住了。

这个时候，从人群中走出一位老者，问道："请问先生，您的这些观点都是从哪本书上看到的？"

"书？不可能！这些观点和主张都是我自己想出来的。你怎么可能会在什么书上看到呢？"竞选者对他的无理很是不满。

老者并不慌张，继续说道："我可一点没骗你，先生，你刚才说的每一个字我确实都在那本书上看到过！"

竞选者被这个人弄得很不好意思，为了给自己找个台阶下，他只好低声说道："如果真的有这样一本书的话，我倒很想见识一下。请你有时间把这本书借给我看一看吧。"

过了一段时间，这位竞选者果然收到了老者寄来的一本书。他在看过之后，知道那个老者分明是在作弄他，但是老者确实又没说错。

**判断**：那一本神奇的书究竟是什么呢？

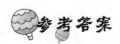
参考答案

那是一本字典。竞选者说的每一个字当然会在字典上找到喽。

# 妯娌之间

从前有一个大户人家，共有 4 个儿子。老大、老二、老三都娶了媳妇。老四也到了成家的年龄了，可他一点不着急。直到快 30 岁时，老四才结婚，娶的媳妇还特别漂亮，如花似玉。父母对这四儿媳更是喜欢得不行。这让 3 个哥哥和嫂子都心生嫉妒，还说："中看不一定中用。"

这一天，几个儿媳妇在做饭。大儿媳、二儿媳和三儿媳一合计，想故意难为难为四弟媳妇。于是大儿媳对四儿媳说："四妹，厨房里缺几样东西，做不成饭了，你帮我们去买点东西吧。""什么东西，我去买。"四儿媳爽快地答道。"你听好了：你去买'4 两沉、4 两漂、4 两张着嘴、4 两弯着腰'。快去快回啊！"四儿媳妇出去了。屋里的几个儿媳笑了起来，心想四儿媳肯定会买错。

不一会儿，四儿媳提着四样东西回来了。几个儿媳一看，居然都对了。从此，再也不敢小看她了。

**判断：** 究竟是四样什么东西呢？

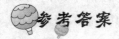参考答案

4 两盐、4 两油、4 两花椒、4 两虾皮。

# 踏青归来马蹄香

乾隆是一位文武双全的皇帝。他喜好书法绘画，还广为搜集历代名人书画墨宝，并亲自掌管画院，经常考察宫廷画师的技艺。一日，乾隆皇帝和妃子们骑马去踏青。由于玩得非常高兴，突发奇想，让画院的画师们以"踏青归来马蹄香"为题各作一幅画。虽然画院的很多画师的绘画技术很高，可是如何表现"马蹄香"却让他们一时不知如何下笔。就在大家为难之时，只见一个年轻的画师却独自画起来。大约半个时辰，他的画画好了。乾隆一看，便赞赏道："妙！妙！妙！虽然此画无花，却

更让我感觉马蹄之香啊！我会叫工匠把你的画装裱起来，以后就挂在画院里好了。"众画师听皇上这么一说，无不过来看画。结果他们无不佩服这位年轻画师的巧妙构思。

判断：年轻画师究竟画的什么来表现"马蹄香"的呢？

参考答案

他画了几只蝴蝶围绕着马蹄在翩翩起舞。

# 老者读字据

有个老财主，他有两个儿子。为了能让两个儿子以后当官发财，他就专门请有学问的人来家教儿子读书。由于两个儿子都不爱学习，加上老财主非常吝啬，从不用好饭好菜招待教书先生，而且还经常克扣工钱，所以，老财主请过好些教书先生，最后都走了。

一个老者听说后，决定要治治这个可恶的老财主。他主动上门，对老财主说："老朽不才，但愿意当令公子的老师。"老财主一听，非常高兴，同时问道："先生可有什么要求吗？""管一日三餐便可。""此话当真？"老财主简直不敢相信。"你若不信，我可写下字据给你。"老财主吩咐下人立刻去取纸笔来。老者在纸上写道："无鸡鸭也可无鱼肉也可。"老财主看了字据，总算是放心了，把字据揣在怀中。随后，便要招待老者。吝啬的老财主让厨子炒了几碟萝卜、青菜，连酒都没有。老者一看，拍着桌子说道："好你个老财主，竟用这些招待我，真是不讲信用！我要到衙门告你去。"说着就往外走。老财主愕然道："你怎么出尔反尔？幸好我有字据，你若打官司，肯定是要输的。"说完，他们二人向衙门走去。

出乎意料的判断

这场官司引来很多人看热闹。县令看着老者写的字据，问道："这是你写的吗？"

"确实是我写的。不过大人，请听我读给您听。"随后，老者念了一下他写的字据。县官听后，说道："原来如此！来人啊，打那个不讲信用的财主二十大棍。"

**判断：** 老者是怎么读的字据呢？

参考答案

"无鸡，鸭也可；无鱼，肉也可。"

# 侦察兵的考试

某部队某侦察连需要在新兵中招一名侦察兵，很多新兵过来报名。侦察连把考场安排在一间条件很好的房间里。每天有人按时送水送饭，门口有专人看守。如果谁最先通过非暴力手段从房间里出去，谁将被

录取。

有人说头疼要去医院，看守请来了医生。有的说母亲病重，要回去照顾，看守用电话联系其母亲，其母亲说身体很好，请儿子放心。无论新兵怎么骗看守，看守总能识破他们的诡计。

最后，有一个新兵对看守说了一句话，结果，看守放他走了。

**判断**：这个新兵说了一句什么话？

参考答案

新兵说："我不考了。"看守以为他真的放弃选拔了，所以放他走了。

# 枪杀案

美国的纽约市发生了一起枪杀案。共有 6 个人与该案有关，他们分别是：证人、警察、法官、凶手、死者以及执行任务的法警。死者被凶手用枪击中，当场身亡。证人虽然听到死者生前与凶手发生口角，继而听到枪声，但并未亲眼目睹；等他赶到现场，凶手已经逃走。后来侦破此案，捉住凶手，并判处其死刑。

6 个人中，有杜尔、法布雷、韦德、庞克、格林、查理。而且知道：

1. 格林不认识凶手和死者；
2. 在法庭上，法官曾向韦德问过关于本案的经过情形；
3. 查理最后见到杜尔死去；
4. 警察说他看到法布雷离案发地点并不远；
5. 庞克和查理彼此从没见过面。

**推断**：与此案有关的这 6 个人的名字的对应身份。

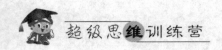

死者——庞克，法警——查理，凶手——杜尔，证人——法布雷，警察——韦德，法官——格林。

# 四位特殊的游客

一家旅馆同时入住了不同职业、不同国籍的甲、乙、丙、丁4个人。他们分别来自英国、法国、德国、美国4个国家。登记时知道，德国人是位医生，美国人的年龄最小且是名警察，丙的年龄比德国人大，乙是法官且是英国人的朋友，丁从未学过医。

**判断：丙是哪国人？**

英国人。

# 跨国间谍

在一列国际列车的 12 号车厢内，有 A、B、C、D4 个不同国籍的旅客，两两相对而坐，其中二人靠窗坐，另二人靠过道坐。他们穿着不同颜色的大衣。穿蓝色大衣的人是一个国际间谍。同时：

1. 英国旅客坐在 B 先生的左侧；

2. A 先生穿着一件褐色大衣；

3. 穿黑色大衣的人坐在德国旅客的右侧；

4. D 先生的对面坐着美国旅客；

5. 俄国旅客穿的是灰色大衣；

6. 英国旅客把头转向左边，望向窗外。

**判断**：谁是身穿蓝色大衣的国际间谍？

参考答案

　　由条件 1 和 6 可知，英国旅客坐在 B 先生的左侧，窗子在英国旅客的左边，所以英国旅客坐在靠窗的一边，而 B 先生挨着过道。从条件 3 知"穿黑色大衣的人坐在德国旅客的右侧"，可判断出德国旅客坐在 B 先生对面靠过道的一边；穿黑色大衣的旅客坐在英国旅客对面，也是靠窗坐的。条件 4 明确指出，"D 先生的对面坐着英国旅客"。由于 4 个人中英、德两国籍的旅客的位置已确定，所以他俩对面的旅客绝不可能是 D 先生，D 先生只可能是德国和英国旅客二者中的一个。假定德国旅客是 D 先生，那么根据条件 4，B 先生便是美国人，于是坐在 D 先生旁边的穿黑色大衣的便是俄国旅客，这显然与条件 5 "俄国旅客穿的是灰色大衣"相矛盾，所以假设不成立；D 先生绝不是德国旅客，而是英国旅客。既然英国旅客对面坐的是美国旅客，那么他旁边坐的 B 先生便是俄国旅客，身穿灰色大衣。由条件 2 知道，A 先生穿的是褐色大衣，所以他只能是德国旅客。剩下的是美国旅客就是 C 先生。综上判断，穿蓝色大衣的国际间谍就是英国旅客 D 先生。

## 一场小型舞会

　　在一场小型舞会上，多米先生看到琼斯小姐一个人坐在一张桌子旁。

出乎意料的判断

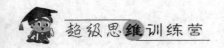

总共有 19 个人参加这次舞会。有 7 个人是独自前来的，其余的是 6 对，他们是两两一对而来的。这 6 对中，或者已经是夫妻，或者已经订婚了。凡单独前来的女士都未订婚，凡单独前来的男士都不处于订婚阶段。

在参加舞会的男士中，已经结婚的人数等于处于订婚阶段的人数；单独来的尚未订婚的男士的人数等于单独前来的已婚男士的人数。在参加舞会的已经结婚、处于订婚阶段和尚未订婚这 3 种类型的女士中，琼斯属于人数最多的那种类型。

**判断：** 琼斯到底属于哪种类型？

参考答案

她处于订婚阶段。

# 不同职业的人

甲、乙、丙、丁 4 个人住在同一镇上，其中一个是警察，一个是木匠，一个是小商贩，一个是医生。一天，甲的儿子摔断了腿，于是甲带儿子去找医生。医生的妹妹是丙的妻子。小商贩还没有结婚，他家养了很多母鸡。乙经常到小商贩家去买鸡蛋。警察住在丙的隔壁，所以他俩每天都能见面。

**判断：** 甲、乙、丙、丁的职业分别是什么？

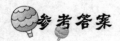参考答案

因为甲有儿子，证明甲不是警察就是木匠。丙有妻子，证明丙不是

警察就是木匠。警察与丙常见面，所以丙为木匠，甲是警察。乙经常到小商贩家，所以乙不是小商贩，乙是医生，丙是小商贩。

# 谁是已婚者

韦伯、汤姆、托德、乔治、莫尔和达玛是同事。工作日的时候，韦伯、汤姆和托德总是订盒饭吃，而乔治、莫尔和达玛却爱去饭店吃午饭。托德、乔治和莫尔平时乘公共汽车上班。6 个人中，莫尔、汤姆和达玛都已结婚。

**判断：**他们 6 个人中谁已婚并订盒饭吃？

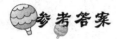参考答案

汤姆。

# 小丽买围巾

小丽到商店去买围巾。挑来挑去，她最后选中了一种款式。售货员说："这种款式的围巾共有黄、红、白、蓝、粉 5 种颜色，请问你要哪种颜色的？"小丽调皮地说："我不像讨厌黄色那样讨厌红色，不像讨厌白色那样讨厌蓝色，也不像喜欢粉色那样喜欢红色。我对蓝色不如对黄色那样喜欢。"售货员听后，很快就给小丽拿了一条她最喜欢的围巾。

**判断：**小丽最喜欢什么颜色？

参考答案

由小丽说的可以判断出小丽对颜色的喜爱程度的顺序为：粉色—红色—黄色—蓝色—白色。可见，小丽最喜欢粉色。

# 金砖的去向

靠淘金发家的富翁德蒙，临终前把他的两个儿子霍金和托马斯叫到身边，告诉了他们一个不为人知的金矿。德蒙允许兄弟俩到那里淘金，但前提是他俩永远不把秘密泄露给别人，而且只能去一次。德蒙还和两个儿子签订了如下的协议：我的两个儿子——霍金和托马斯，或者他们的随从，只要能将金子背回我德蒙的家，无论多少，金子都将归背者所有。

第二天，兄弟俩便启程了。他们租了一匹马，驮着他们的工具和食物向金矿进发。半年后，他们几乎把那个金矿里的金子都淘完了。为了携带方便，他们把这些金子铸成了一块长 30 厘米、宽 15 厘米、高 10 厘米的金砖，最终带回到父亲的家里。可就在父亲的家里，兄弟俩为金砖的归属权发生了争执。两人谁也不让谁，最后闹到了法院。在法庭上，两个人都坚持说金砖是自己背回来的。法官查看了那块金砖，根据德蒙的遗嘱和那份契约，做出了正确的判决。

**判断**：法官把金砖判给谁了？

## 参考答案

德蒙警告兄弟俩不能将金矿的秘密告诉别人，但是现在，兄弟俩在法庭上把秘密公开了，所以兄弟俩都将失去所有权了。金子的密度很大，那样的一块金砖将近有 87 千克。兄弟俩谁也不可能背到家，只可能让马驮着。所以，法官把金砖判给了那匹马。

# 年轻人求婚

从前，有一位年轻人上山采药。突然，他听到一个女孩的呼救声。他循声找去，看到一只狼正在攻击一位漂亮的姑娘。年轻人冲上前去，奋力和狼拼搏，终于把狼赶走，从狼口下救出了姑娘。年轻人看姑娘身上有伤，于是把她背到家中，给她敷了药。

天色渐晚，姑娘正准备回家，突然下起了大雨，直到第二天早上才停。姑娘非常感谢年轻人，临走时给年轻人留下一个地址，让他去那里找她父亲向她求婚。年轻人听了喜出望外，吃完早饭后便找到那里，看到姑娘的父亲，说明了他的来意。姑娘的父亲把他领到院子里，指着 7

朵水仙花对他说:"我有7个女儿,她们都在这里。如果你能找到她,我就允许她和你结婚。"

年轻人仔细看了那几朵花后,毫不犹豫地把其中的一朵摘了下来。突然,他昨天救下的那位姑娘立刻就出现在他的面前,而且比昨天更美丽动人。原来,她们是7位仙女。

**判断**:那个年轻人是如何找出的?

参考答案

因为昨天夜里下了一场雨,除了年轻人救下的仙女变成的水仙花上没有水珠,其他水仙花上都有水珠。

# 国王征税

古印度时,有一个国王,他饲养了一头象。每年收税时,他总是要求他的税收官必须征收到和他的象一样重的钱币。为了方便,税收官特地制作了一台大天平。每次收税的时候,税收官把国王的象赶上天平的一端,在另一端放上征收来的税,当天平平衡时就可以了。

国王的象一年年长大,所以,税收官收的税也一年比一年多。这一年,天平终于不堪重负,被压垮了。税收官顿时大惊。税还没收完呢,如果让国王知道了可怎么办呢?但很快,国王还是知道了。他要求税收官必须今天交齐钱币,否则就治他死罪。税收官得知,更加害怕了。因为他知道,如果再做一个这样大的天平至少需要两天时间呢。就在税收官不知所措时,他的一个下属给他出了一个很好的主意,很快完成了税收任务,挽救了税收官的命。

**判断**:税收官的下属出了一个什么好主意呢?

**参考答案**

正是和曹冲称象相同的办法。把象装入船上，在船舷上记下水面的高度。再把征收的钱币放到船里，当水面到达记下的刻度就可以了。

# 魔术师猜字

在一次聚会上，其中的一个魔术师为了活跃气氛，要给大家表演一个小魔术。他邀请了 5 位女士和他一起做。他发给每位女士一张硬纸片，请每位女士在纸上写一个字，然后把纸反扣在桌子上。当然，女士们在写字的时候，他是背向她们的。等她们写好，并反扣到桌上时，魔术师才转过身来。他把手按在第一张纸上，然后对纸吹了一口气，闭上眼睛想了一会儿，最后睁开眼睛看着第一位女士说："你写的是'荣'。"全场发出惊讶声。当他如此这般——把另外 4 位女士写的字都猜出时，所有人更是对他报以热烈掌声。

其实，魔术师只是耍了一个小小的技巧。

**判断：**你知道魔术师是怎么做到的吗？

**参考答案**

那 5 位女士中，有一位是魔术师的托，她知道所有的字。她把这几个字悄悄写在自己的掌心。当魔术师吹完气抬头看女士时，他也看到了托掌上的字。因为大家都注意看着魔术师，自然就不会注意到她们身后的手掌。

# 妃子巧取夜明珠

有一天，一个国王获得了一颗非常大非常罕见的夜明珠。那是周边的一个小国特地进献给这个国王的。国王非常高兴。不久，他的妃子们都知道了这件事。于是，她们见到国王时都跟国王说她想要那颗夜明珠。可夜明珠就一颗，而妃子却很多，无论给了谁，国王都不好向其他妃子交代。为了公平起见，他想了一个办法。

国王把妃子都招到他的殿前，然后对她们说："我知道你们都想要这颗夜明珠。可惜只有一颗。你们都很漂亮，但是，我觉得最聪明的人才配拥有这颗夜明珠。我现在把它放在我的宝座上。在你们和我之间，有红地毯相连。如果你们有谁能不踩踏红地毯又不借助其他任何物品而拿到这颗夜明珠，我就把它送给她。"

所有的妃子看着眼前宝座上她们梦寐以求的夜明珠，现在却无法拿到，都非常着急。一方面急于自己想出办法，一方面又害怕别人想出办法来。

直到过了好一会儿，终于有一个妃子站出来对国王说："陛下，我有办法了。"国王说："那你就去取吧。如果按我的要求取到了，我会当众把它赏给你的。"

结果，这个妃子成功地取到了。

**判断**：她是怎么取的呢？

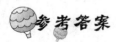

她把地毯卷起来，一直卷到头，自然就可以不踏着地毯用手很轻松地拿到那颗夜明珠了。

# 意外发生的事故

小国和小伟是大学同学，二人都是摄影爱好者。暑假的时候，二人商量一起去旅游，摄影。他们坐着一辆中巴车，进入一个著名的景区。接着，汽车开始在盘山道上缓慢行驶。途中，二人发现一处非常优美的风景，于是叫司机停车。二人跳下车，向美景跑去。他们想拍完了美景再跟下一班车。

那趟汽车丢下小国和小伟，继续向前驶去。突然，从山上滚落下一块巨石恰好砸中了汽车，车上的人员全部遇难了。小国和小伟拍完了美景，正准备打车去下一处，结果发现道路被封了。他们一打听，知道是他们所乘坐的那趟车出事了。两人大惊失色。小国说："要是我俩在那趟车上就好了。"

**判断**：小国这样说是什么意思呢？

如果他们没有下车，汽车也就不会被巨石砸中了。

# 审问嫌疑人

4月2日晚，一名男子潜入一户居民家，趁主人不在，盗取了贵重物品后逃跑了。派出所接到报案后，不久就抓住了犯罪嫌疑人。可是，无论怎么审问他，他就是不说话，只是指手画脚。有警察说，他可能是个聋哑人。于是通过写字的方式询问情况。但是，嫌疑犯就是不承认自己的犯罪行为。审讯他的警察都疲倦了。

这个时候，派出所所长从外地办案回来，有人向他报告了此事。所长来到审讯室，看了看犯罪嫌疑人，又看了看他写的字，对他说了一句："你可以回家了。"

**判断**：你知道结果怎样吗？

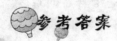

因为嫌疑人是在装聋作哑，当他听到说让他回去时，以为是真的让他回去了，一激动，转过身就要往外走。而这恰恰在警察面前露出了马脚，最后不得不招供了。

# 劫匪被枪杀

陈芳是动物园的一名饲养员。一天，因为有事，她下班比较晚。她骑车回家，在路过一个小树林时，被两个男子一前一后地拦住了。这条路本来走的人就少，现在根本就没有其他路人，陈芳想求助是不大可能了。站在她前面的男子让她把包里的钱交出来，陈芳只好打开包，把手伸进去。突然，她从包里掏出一把手枪对准前面的男子。那男子开始还吓了一跳，但很快他又大笑起来："玩具手枪！你吓唬小孩呢。快把钱拿出来，要不我们对你不客气了！"陈芳紧抓着枪，也大声地说："你们再不让开，我就开枪了！"两个男子一边笑，一边向她走近。陈芳对准他们，各开了一枪。结果两个男子真的倒地不起了。陈芳报了案。当警察赶到时，却发现他俩毫发未损。

**判断：**这是怎么回事呢？

参考答案

原来陈芳用的是麻醉枪。

# 刘伯温进谏

朱元璋在刘伯温的全力帮助下，终于推翻了元朝的统治，建立了明朝。朱元璋当上皇帝后不久，便准备封赏那些为打江山立下汗马功劳的文臣武将。朱元璋的亲朋故友听说他当了皇帝，于是纷纷跑来找到朱元璋，让他给自己封个一官半职。朱元璋不是一个忘恩负义的人。可是，如果真的给这些人封官了，那就成了无功受禄、滥竽充数了。如果不答应他们的要求，他们肯定会在背后骂自己忘恩负义、六亲不认。朱元璋为此一连好些天都犹豫不决，闷闷不乐。

刘伯温一看，就猜透了皇帝的心思，但是他又不便直说，于是，刘伯温就画了一幅画呈给朱元璋。画上画的是一个身材魁伟的人，长长的乱发向上竖着，末端还顶着许多小帽子。朱元璋仔细观察，却百思不解其意。第二天早朝，朱元璋看到两边文武百官的帽子，终于恍然大悟。早朝后，朱元璋叫住刘伯温，笑道："爱卿此谏进得妙，朕定采纳。"从

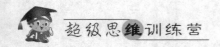

此，朱元璋只封有功之臣，不再封那些无功的亲戚朋友为官了。

**判断**：刘伯温的那幅画到底是什么意思呢？

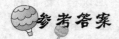

帽子，在古代称为"冠"。冠多而发乱，谐音就是"官多法乱"，不利于统治。

# 苏小妹请客

一日，苏东坡的妹妹苏小妹请苏东坡和秦少游吃饭。秦少游吃了苏小妹做的饭菜，觉得非常可口，连连夸赞，还作了一首诗，吟道："你有一物生得巧，半边鳞甲半边毛。半边离水难活命，半边入水命难保。"苏东坡一听，马上附和道："我有一物两边旁，一边好吃一边香。一边上山吃青草，一边入水把身藏。"苏小妹听了非常高兴，也随口念道："我有一奇物，半身生双翅，半身长四蹄。长蹄跑不快，长翅飞不起。"说罢，3个人哈哈大笑起来。

**判断**：他们3个人说的是何物呢？

"鲜"字。

# 谁懂电脑

五（1）的班主任王老师准备在班里选一个懂电脑的科技委员。于是，他就问同学们谁懂电脑。小伟说："我们班有些人懂电脑。张明和王飞都不懂电脑。我们班还有一些人不懂电脑。"可是，小伟说的话中，只有一句是真的。

**判断：**五（1）班的班长懂电脑吗？

参考答案

假设第一句是真，二、三句为假，则可以推断出全部人都懂电脑，所以班长也懂电脑。假设第二句是真，一、三句是假，那么第三句就和第二句矛盾。假设第三句是真，一、二句是假，那么第一句就和第三句矛盾。所以，只能是第一句为真，那么班长是懂电脑的。

# 纸牌游戏

4 个同学在做一种纸牌游戏。甲同学先从一副牌中随便抽出了 16 张牌，结果如下：

红桃 A、Q、4；

黑桃 J、8、7、4、3、2；

梅花 K、Q、6、5、4；

方块 K、5。

接着，乙把这些牌洗乱，从中抽出一张牌，这张牌只有他自己看得

出乎意料的判断

到。然后，乙悄悄地把这张牌的点数告诉丙，把这张牌的花色告诉了丁。这时，乙问丙和丁："猜猜我手里的这张牌是什么?"

丙同学说："这张牌我不清楚。"

丁同学说："我就知道你不知道它是什么牌。"

丙同学说："那我现在知道它是什么牌了。"

丁同学说："那我也知道了。"

甲听了他们的话，立刻也猜出那张牌了。

**判断**：乙抽出的那张牌是什么呢?

## 参考答案

丙同学只知道点数，却不能确定花色的只有 K、Q、5、4 这几张。而丁同学知道丙不知道，而丁同学知道花色，那么这个花色应该只包括这 4 张牌或其中的几张，这时只有方块和红桃符合条件。这时丙同学又知道了这张牌是哪两种花色，但是丁同学却能确定这张牌是什么，这时只有方块 5 符合条件了。所以，乙同学抽出的那张牌就是方块 5。

# 秀才赶考

古时候，有位秀才进京赶考。这已经是他第五次参加考试了，他心里也没把握这次能不能中榜。到了京城后，他还是选择那个他熟悉的客栈住下。晚上，他做了两个梦。先是梦到自己爬到墙头种了棵白菜，接着梦到天下雨了，他戴了斗笠，竟然又撑起了一把伞。

第二天，他迷迷糊糊地醒来，想起昨晚做的梦，突然觉得很蹊跷，于是饭也不吃，跑到街上让一个算命先生给他解梦。算命先生一听，忙摆手道："我劝你还是别考了，回家去吧。你想想，你在墙上种白菜，那

能活吗？再说戴斗笠打雨
伞，这不是多此一举吗？"
秀才听了，觉得很有道理，
于是立刻心灰意冷了。他
回到客栈，收拾好东西，
和老板结账准备回家了。
客栈老板奇怪地问道：
"你不是来考试的吗？这
试还没考，怎么就回家了
呢？"秀才无奈地就把昨
晚做的梦以及一个算命先
生给他如何解的梦统统说

了一遍。老板一听，哈哈大笑起来，说道："原来如此啊！那算命先生解
的梦未必就对。我也会解梦，不妨听听我的解释。"秀才一听，顿时来了
点精神。等他听完老板的解释后，又树起信心，决定考试了。

　　**判断**：老板是如何解释的呢？

 参考答案

　　"墙上种菜，这不是'高中'的意思吗？戴斗笠又打伞，说明是双保
险吗？所以，你这次考试肯定会中的。"

# 选择相同，结果各异

　　从前有个仙人，他扮作平民云游四方。有一天，他在沙漠里遇到两
个非常饥饿的年轻人。仙人想帮助他们一下，于是变成一个渔夫，背着

　　　　　　　　　　　　　　— 145 —

一筐鱼，拿着渔网来到他们面前。他对他们说："看到你们很饿，我就把我的渔网和捕到的鱼送给你们吧。你们可以任选一样。"两个年轻人听了都非常高兴和感激。其中一个人选择了渔网，因为他觉得鱼迟早会吃完的，如果有了渔网，就可以不停地捕鱼吃，另一个人选择了那筐鱼。两个人得到了他们各自想要的东西后，就分道扬镳了。选择鱼的那个人很快燃起篝火，烤起了鱼吃。选择渔网的人一心要找到湖泊捕鱼吃。可是，他用尽所有力气，直到累死，也没有走出沙漠。而那个选择鱼的人不久也把鱼吃完了，因为再没有鱼吃，最终也饿死了。仙人知道后，很为他们惋惜。

一年后，仙人又在沙漠里遇到两个又累又饿的年轻人，他还是像之前一样，去帮助他们。两个年轻人，一个选择了鱼，一个选择了渔网。但是，他们最后都走出了沙漠，而且过上了幸福的生活。

**判断**：他们是怎么做到的呢？

参考答案

他们选择了之后，并没有像之前的年轻人那样各奔东西，而是决定一起分享那筐鱼，一起走出沙漠，一起捕鱼生活。可见，集体的力量要比个人的力量巨大。